細胞城市
大冒險

細胞是身體最小的生命基本單位。

成人約由37兆個細胞構成。

哥哥	弟弟	妹妹	百合井力
百合井家的長男 將來的夢想： 成為YouTuber 12歲	次男 將來的夢想： 記者 9歲	長女 將來的夢想： 目前沒有 6歲（喜歡狗）	爸爸 未來科學誌的記者。 為了取材而帶孩子前來， 但此刻正後悔著。

明日十一　博士／明日研究所的所長
總之是個天才
興趣：發明

動物細胞模式圖

多功能冒險用機器
劍玉 1 號

高度	7 公尺 50 公分
寬度	6 公尺 80 公分
重量	10 公噸
承載人數	3 名
設計／製造	明日研究所

我的願望是讓越來越多人對細胞世界感興趣！

生活設備也很完善

冷藏庫（常備緊急食品） ＊也有洋芋

自來水 ＊有熱水

廁所（水沖式）

艦橋
單靠球體的部分也能飛行。

雷射

氣瓶

出入口

多功能攝影機

無人飛行器

體內游泳服
完全防水型，到細胞外面時需要使用。

任意縮放機
可以任意放大或縮小物品。能將劍玉 1 號縮至微米尺寸。

博士不一起來嗎？

劍玉 1 號只能乘坐 3 人，我就用無人飛行器跟著你們吧！

光推進系統
不會釋出熱或有害物質，可以在人體內安全使用。

希望你們現在就到細胞世界去探險吧！

OTTO

這位爸爸，請問您同意讓劍玉 1 號進入您的體內參觀嗎？

我的嗎？

電腦操作鍵盤
可以和劍玉 1 號通訊或是操作無人飛行器。

細胞城市地圖

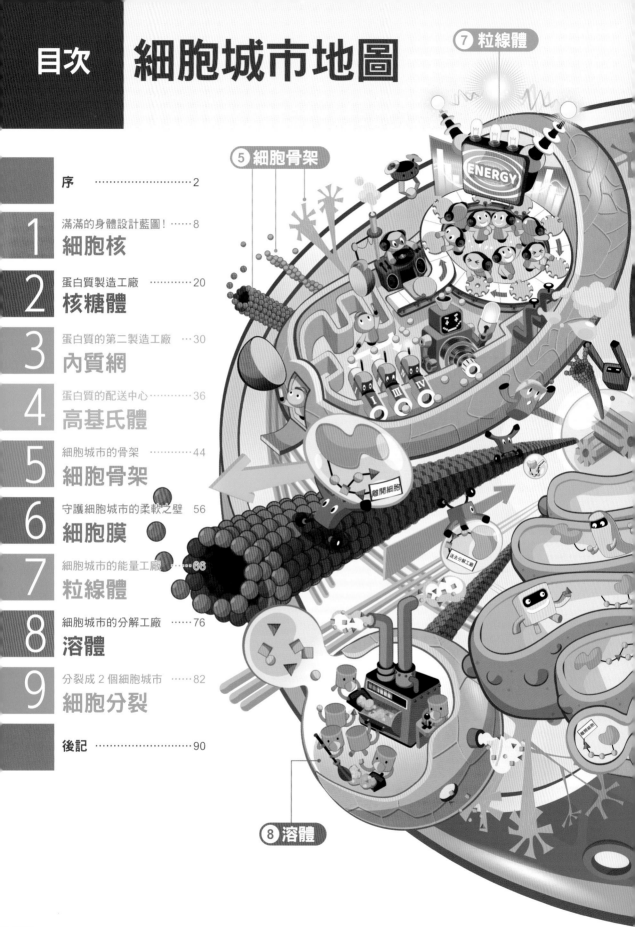

⑦ 粒線體

⑤ 細胞骨架

ENERGY

離開細胞

送去分解工廠

⑧ 溶體

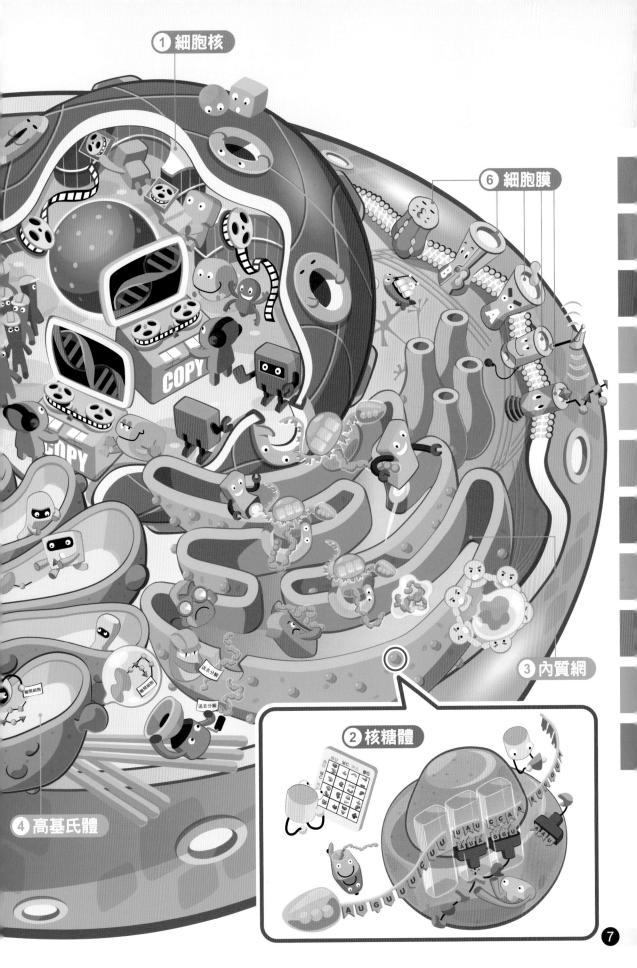

① 細胞核

⑥ 細胞膜

③ 內質網

② 核糖體

④ 高基氏體

⑦

細胞核　滿滿的身體設計藍圖！

細胞城市的情報中心

DNA就像身體的設計藍圖，是從爸爸媽媽那裡遺傳而來，屬於自己的特殊密碼編碼。蛋白質可以根據這張藍圖合成、繼而組成身體構造，生命活動也因此產生。

若沒有這張藍圖，細胞城市裡的建築物、工作的成員都無法出現。而細胞核是其中重要的情報中心，操控著細胞城市和身體的一切。

同時也是複製中心

DNA是不能被帶出細胞核外的，但是細胞核外的蛋白質製造工廠卻需要用這張藍圖來合成蛋白質，因此，得先在細胞核裡複製藍圖中需要的部分，再將副本帶到細胞核外。

此外，當新細胞形成時，細胞核內所有的DNA也都會先備份一份起來。

核仁

有蛋白質製造工廠之稱的核糖體（→p.20）會先在這裡形成蛋白質次單元，然後運出細胞核外。

DNA的部分複製　▶p.16～19

只複製需要的DNA片段，然後送去核外的核糖體（→p.20）。

核膜

為雙層膜構造，包覆整個細胞核。

細胞核是細胞中最重要的部分，通常一個細胞裡有一個細胞核，核內有滿滿的人體設計藍圖DNA，和以DNA為鑄模複製而成的RNA。人體細胞核的大小，平均約為0.005～0.008毫米，被雙重膜完全包覆。

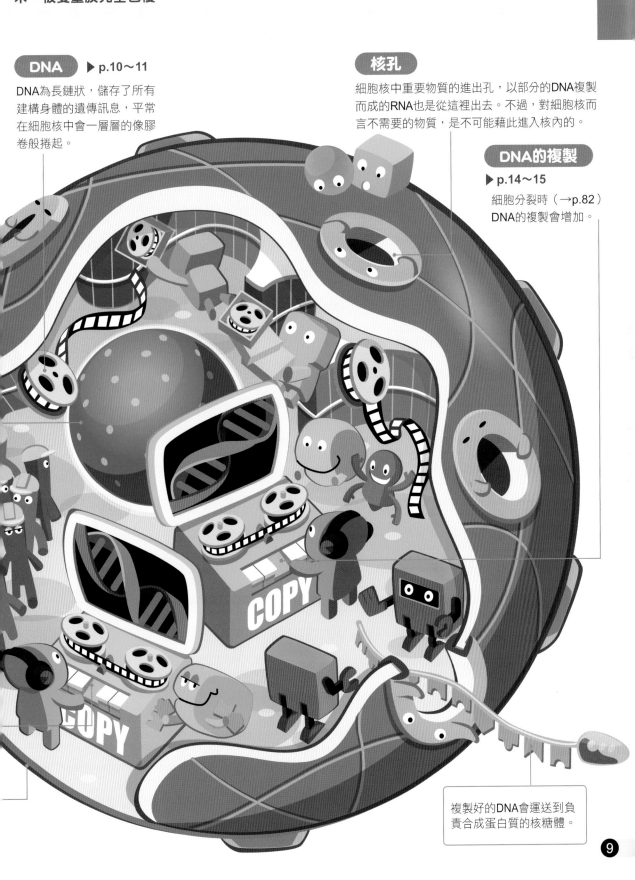

DNA ▶ p.10～11

DNA為長鏈狀，儲存了所有建構身體的遺傳訊息，平常在細胞核中會一層層的像膠卷般捲起。

核孔

細胞核中重要物質的進出孔，以部分的DNA複製而成的RNA也是從這裡出去。不過，對細胞核而言不需要的物質，是不可能藉此進入核內的。

DNA的複製

▶ p.14～15

細胞分裂時（→p.82）DNA的複製會增加。

複製好的DNA會運送到負責合成蛋白質的核糖體。

DNA是什麼？

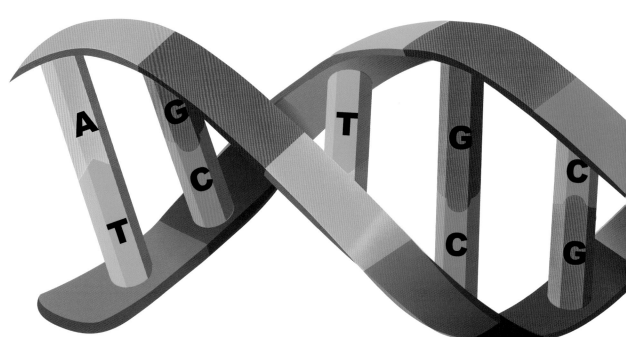

這4種記號共有60億個

裝載遺傳情報的DNA是一種如細線般細長的物質，就如上圖所示，很像一條扭轉的長梯，稱為「雙股螺旋」結構。

在DNA中，遺傳情報是以A、T、G、C這4種記號記載，整個DNA長梯上總共有60億個記號。

總長為2公尺

DNA並非以一整條連續的線狀物質存在於細胞核中，人體DNA共分成46段，就像46條長繩，分別纏繞成緊密的螺旋狀結構，縮在細胞核內。DNA寬度僅有2奈米（1公尺的10億分之2），46條長繩總長約2公尺；一般細胞的大小只有0.02毫米，DNA如此巨大，卻能裝進比細胞更小的細胞核中。

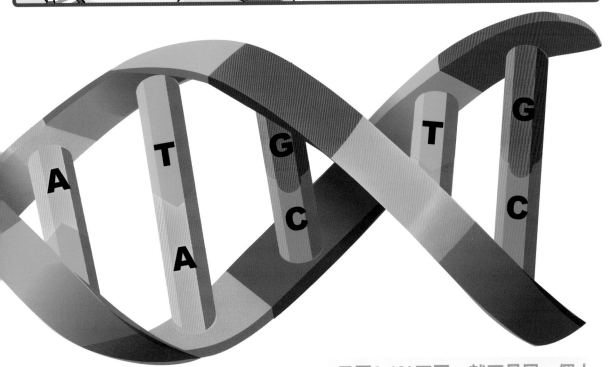

一定是成對的狀態

A、T、G、C這4種記號,分別為腺嘌呤(A)、胸腺嘧啶(T)、鳥糞嘌呤(G)和胞嘧啶(C),由碳、氮、氧等分子組合而成的4種不同物質,又稱為鹼基。

A、T、G、C會互相兩兩配對,其中A必定和T配對、G則是和C配對。DNA就是依據這樣的性質進行複製的。

只要0.1%不同,就不是同一個人

直到2003年,人類才差不多完全揭曉了DNA記號是如何排序。

而在30億個人類DNA兩兩一對的記號組之中,有300萬組是每個人都不一樣的,正是這千分之一的比例造就了每個人的差異性。

無論是外表看得見的身高差異,或是天生體弱多病的體質差異,這些都和人類DNA有其關聯,科學家正在積極研究中。

基因是什麼？

蛋白質的設計圖

組成身體的成分大致可以分為以下幾類：一半以上是水，剩下的大部分都是蛋白質和脂質，其他物質則只占很小的部分。

蛋白質並非只用來組成肌肉，同時也是皮膚、頭髮、牙齒和骨頭的組成成分，另外還包括幫助消化的酵素、和造成疾病的病毒對戰的抗體，以及促使身體裡各種反應的蛋白質，也都非常活躍。

基因是每一種蛋白質的設計圖，多虧了這個設計圖，才能在細胞中製造蛋白質，讓生命得以延續下去。

基因的數量約有22000個！

剛開始研究DNA的時候，科學家認為人類的基因大約只有10萬個左右，但隨著研究成果推進，科學家發現人類基因的數量應該比當初預期的少，大約只有22000～23000個左右，不過這仍然是未定數。

至於各種生物的基因數，目前已知實驗中常使用的果蠅有14700個，老鼠有22000個、線蟲則是20000個。人類和線蟲的關係很遠，但基因數幾乎一樣。

人體組成成分

礦物質等物質 5～6%
脂質 13～20%
蛋白質 15～2(
水 65%

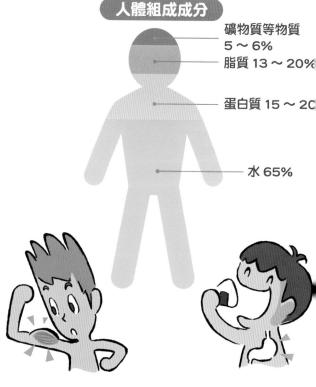

2公尺長的DNA如何收進細胞核中？

正如第10頁中所提到的，DNA的總長約有2公尺，而人類的細胞核卻只有0.005～0.008毫米大。在這麼小的細胞核中，是如何裝下2公尺長的DNA呢？

事實上，核內有大量由蛋白質組成、大小約10奈米、如串珠般的「組蛋白」，被這些DNA纏繞在一起。

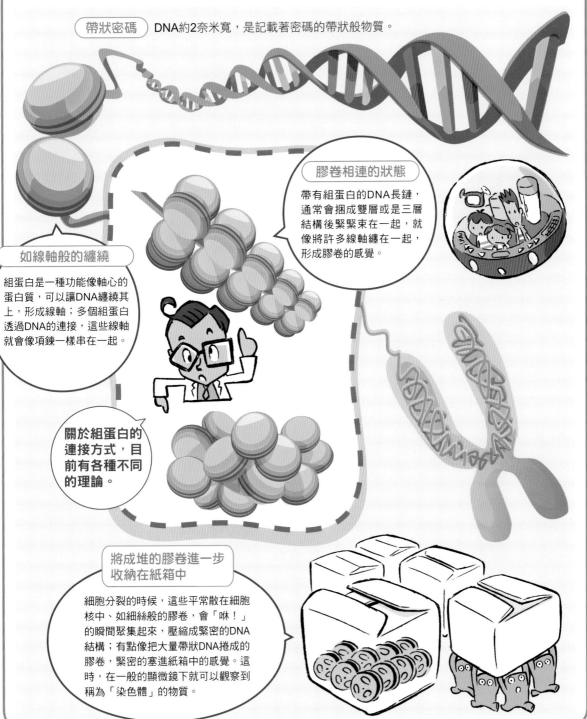

帶狀密碼 DNA約2奈米寬，是記載著密碼的帶狀般物質。

膠卷相連的狀態
帶有組蛋白的DNA長鏈，通常會捆成雙層或是三層結構後緊緊束在一起，就像將許多線軸纏在一起，形成膠卷的感覺。

如線軸般的纏繞
組蛋白是一種功能像軸心的蛋白質，可以讓DNA纏繞其上，形成線軸；多個組蛋白透過DNA的連接，這些線軸就會像項鍊一樣串在一起。

關於組蛋白的連接方式，目前有各種不同的理論。

將成堆的膠卷進一步收納在紙箱中
細胞分裂的時候，這些平常散在細胞核中、如細絲般的膠卷，會「咻！」的瞬間聚集起來，壓縮成緊密的DNA結構；有點像把大量帶狀DNA捲成的膠卷，緊密的塞進紙箱中的感覺。這時，在一般的顯微鏡下就可以觀察到稱為「染色體」的物質。

DNA的複製新增

接下來帶你們去看DNA是怎麼複製的吧！

先解釋為什麼需要複製吧？

產生新細胞時，母細胞會分裂成兩個子細胞，而子細胞內的物質必須要和母細胞一致。

DNA複製的機制

在細胞核中，DNA是怎樣進行複製的呢？首先，說到複製，絕對不能缺少兩位重要的夥伴。讓我們看看這兩位夥伴的工作項目吧！

DNA解旋酶

我負責解開DNA的雙股螺旋結構。

1　解開螺旋結構

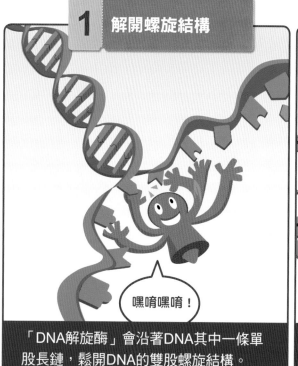

嘿唷嘿唷！

「DNA解旋酶」會沿著DNA其中一條單股長鏈，鬆開DNA的雙股螺旋結構。

2　針對鬆開的部位，一一配上ATGC

A和T配對、G和C配對……

「DNA聚合酶」會沿著雙股螺旋解開的地方，吸引周圍的ATGC並將它們和原長鏈上的鹼基配對組合。

細胞核裡所進行的各種活動中，最重要的一項就是DNA的複製。

身體的細胞會一直不斷更新，例如：皮膚的表皮細胞約每20日就會剝落，而腸道內的細胞則每日都會更替。新的細胞，是由舊的單個細胞分裂成兩個新細胞（細胞分裂→p.82）所生成的。為了進行細胞分裂，DNA也要進行複製的準備。

因此，在分裂之前，母細胞內的物質得先複製成兩組，才能均分給子細胞。

裂開

原來如此！

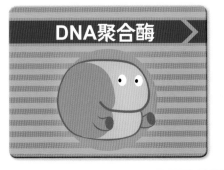

DNA聚合酶

我負責配對ATGC，好產生新的雙股螺旋結構。

3 一邊配對，一邊依序組合成新的雙股螺旋結構

DNA聚合酶會將鬆開的舊股當作模版，不斷形成鹼基對，依序組成新的DNA雙股螺旋結構。

4 複製成兩個DNA了！

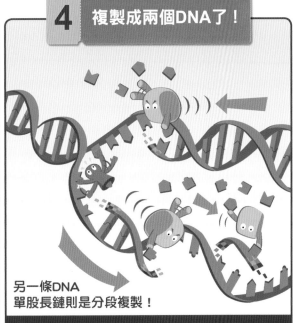

另一條DNA單股長鏈則是分段複製！

原本分開的DNA單股長鏈重新組成雙股螺旋結構，同時另外一條正在複製的單股長鏈也會逐漸形成雙股螺旋結構。

DNA部分複製的機制

部分複製是指先整段複製需要的部分，再將副本中不要的片段切除，此處可以看到工程的第一步。

此時最活躍的夥伴，就是RNA聚合酶。

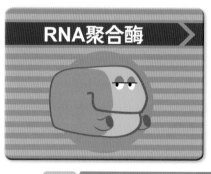

RNA聚合酶

我負責鬆開DNA的雙股螺旋結構，將相對應的AUGC鹼基組一個個配對，最後接合起來，形成副本。

| 1 | 從有標記的地方開始複製 | 2 | RNA聚合酶會附著到標記點上 |

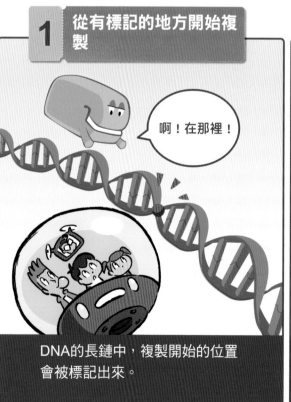

DNA的長鏈中，複製開始的位置會被標記出來。

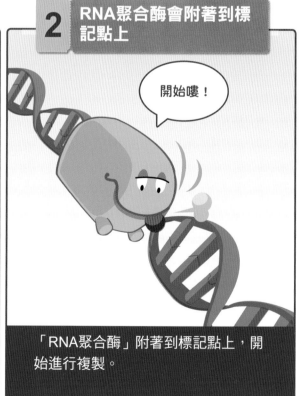

「RNA聚合酶」附著到標記點上，開始進行複製。

為了讓生命活動能夠持續，我們的細胞一直在製造蛋白質，而蛋白質的製造方法都記錄在DNA上面，但DNA卻無法離開細胞核。所以，為了製造蛋白質，得先將必要的DNA部分複製起來，再帶副本離開細胞，這個副本就叫mRNA（RNA的其中一種）。RNA和DNA非常相似，不過RNA不是雙股結構，而是單股，其上的鹼基和DNA一樣有A、G、C，不同的是DNA上的T在RNA上變成U（尿嘧啶）。

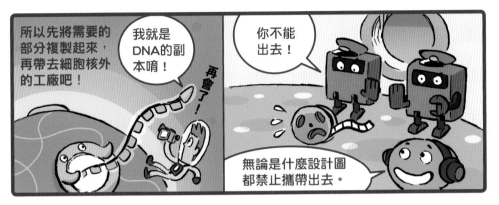

副本的前端有保護帽，可以防止mRNA鬆開。

3　鬆開DNA的雙股螺旋結構，配對AUGC鹼基組

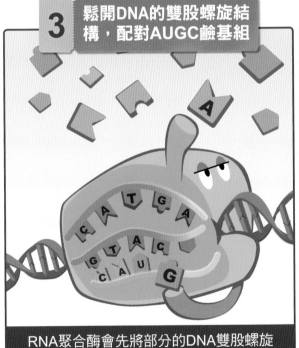

RNA聚合酶會先將部分的DNA雙股螺旋鬆開，再將DNA上的ATGC鹼基組進行配對，將T改為U來使用。

4　一邊配對鹼基組，一邊連接成mRNA

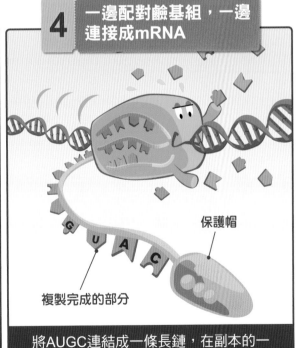

保護帽

複製完成的部分

將AUGC連結成一條長鏈，在副本的一端接上保護帽。

部分複製DNA❷
移除副本中不要的片段

將部分副本刪除後接上

負責剪接副本,將不要的部分刪除後再接上的工作,是由剪接體小隊所擔任的。完成之後,還有另外的夥伴會將剪接後的副本運出細胞核外,讓我們來看一看這些是怎麼進行的吧!

剪接體小隊

把mRNA中不要的片段標記成刪除,再將需要的部分連接起來。

1 複製結束	2 決定要剪接的部分	3 將不要的片段拉成環狀
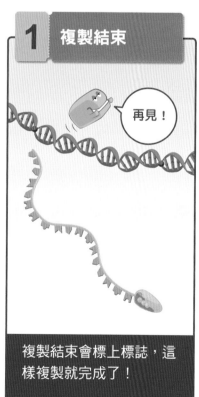		
複製結束會標上標誌,這樣複製就完成了!	剪接體小隊會判斷出哪些地方是不要的片段。	將不要的片段拉近,形成一個圓環。

在DNA的序列中，包含了許多製造蛋白質時用不到的片段，因此，複製了這段DNA的mRNA，也會帶有不需要用到的片段。將不需要的片段移除，就是複製的最終階段。為什麼會有「不需要的片段」呢？其實至今我們仍不清楚這些片段是否具有功能。

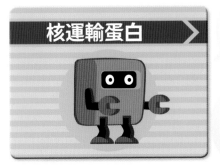

核運輸蛋白

將完成複製的片段，運送到細胞核的出口。

只有正確複製、經過剪輯過後的mRNA可以離開細胞核。

核孔

接下來前往核糖體探險嘍！

4 剪下再接上

將圓環從副本上取下，這些不要的片段最終會被分解。

5 準備運送到核孔去

完成剪接的mRNA和核運輸蛋白結合。

6 朝向核外的蛋白質製造工廠，離開細胞核

核運輸蛋白只負責將副本送到核孔，讓副本自己離開細胞核到外面去。

蛋白質製造工廠

我們也跟著mRNA前進吧！

那裡有大大小小的顆粒正在接近mRNA。

那就是蛋白質製造的現場！

這些顆粒會和mRNA結合成如雪人般的形狀。

20秒～數分鐘間完成蛋白質製作

細胞中，有幾個場所和蛋白質的製作相關，其中最重要的就是核糖體。當mRNA通過核糖體時，設計圖會被解讀，然後再按照設計圖蒐集、連接、進而合成蛋白質製作材料。這一切所需的時間，雖然依據蛋白質的種類會有所不同，但通常在20秒～數分鐘內就可以完成。

一個細胞中有數百萬個核糖體

細胞中有許多核糖體，而且光一個細胞就有數百萬個核糖體存在，有依附在內質網（→p.30）表面上的，也有單獨散布在細胞中的。此外，核糖體是由一大一小的次單元組合而成，無論是原始如細菌般的生物，或是人類這樣的高等動物，核糖體的機制或功能幾乎都是相同的。

運輸員RNA

▶p.22

就是tRNA，負責搬運胺基酸，有數十種胺基酸可對應mRNA的密碼子（→p.23）。

伴護蛋白

▶p.29

正確摺疊核糖體所製造的胺基酸長鏈。

※譯註：在細胞中，RNA根據結構和功能的不同，主要分成三類，即mRNA、tRNA，以及rRNA。mRNA負責將遺傳訊息帶給核糖體，是「訊息RNA」，在本書中稱為「副本RNA」；tRNA負責搬運胺基酸，又叫做「轉移RNA」，在本書中稱為「運輸員RNA」；至於rRNA就是「核糖體RNA」，是構成核糖體的元件。

核糖體是外表像雪人的小顆粒，會依據細胞核的mRNA（副本RNA）設計圖製作蛋白質，是蛋白質的製造工廠。核糖體由各種各樣的蛋白質和rRNA（核糖體RNA）的物質組成，沒有像細胞核那樣的膜。

副本RNA ▶p.16

就是mRNA，從細胞核攜出部分DNA的複本，是製造蛋白質的設計圖。

胺基酸 ▶p.24

構成蛋白質的基本單位。有些可以由身體自行製造，有些則需要從食物攝取。

胺基酸tRNA合成酶

▶p.26

負責正確的結合胺基酸和tRNA。為了要對應20種不同的胺基酸，存在著20種不同的胺基酸tRNA合成酶。

核糖體小次單元

構成核糖體的小型次單元。

核糖體大次單元

構成核糖體的大型次單元。

肽基轉移酶 ▶p.27

存在於核糖體的大次單元，負責接合tRNA搬運來的胺基酸。

3個鹼基為一組的密碼子

mRNA上面排列著A、G、C、U這4種鹼基暗號，解讀時是以每3個鹼基為1組的密碼子為基礎，每組密碼子對應到1種胺基酸。一邊解讀mRNA上不同的鹼基組，一邊正確連接不同的胺基酸，進而製造出各種類型的蛋白質。

tRNA攜帶對應的反密碼子

tRNA則是負責將攜有胺基酸的反密碼子，一個個和mRNA上的密碼子配對接合。例如，mRNA中有「AGC」這樣代號的密碼子，則反密碼子就會是「UCG」。由於AGC這個代號指定了絲胺酸，因此反密碼子代號為「UCG」的tRNA，就會負責將絲胺酸運送到AGC的位置上。

RNA是身體必需的蛋白質設計圖，這個設計圖用了A、G、C、U這4種鹼基代號製成密碼訊息。那麼，要怎麼解開RNA上的這些暗號呢？

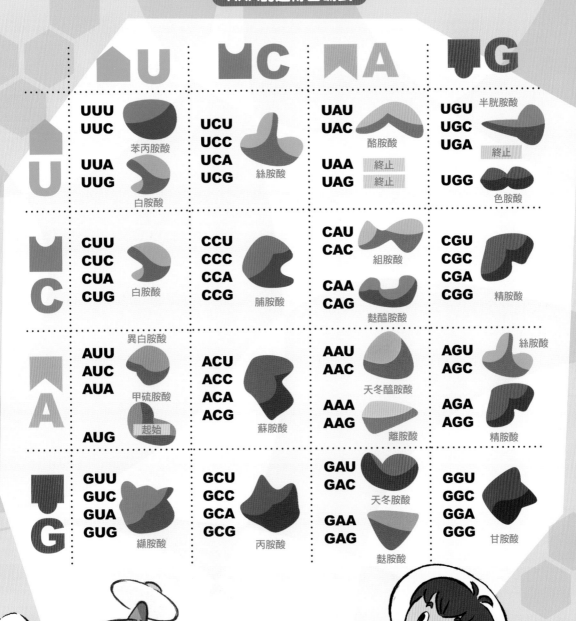

RNA的遺傳密碼表

	U	C	A	G
U	UUU / UUC 苯丙胺酸 / UUA / UUG 白胺酸	UCU / UCC / UCA / UCG 絲胺酸	UAU / UAC 酪胺酸 / UAA 終止 / UAG 終止	UGU / UGC 半胱胺酸 / UGA 終止 / UGG 色胺酸
C	CUU / CUC / CUA / CUG 白胺酸	CCU / CCC / CCA / CCG 脯胺酸	CAU / CAC 組胺酸 / CAA / CAG 麩醯胺酸	CGU / CGC / CGA / CGG 精胺酸
A	AUU / AUC / AUA 異白胺酸 甲硫胺酸 / AUG 起始	ACU / ACC / ACA / ACG 蘇胺酸	AAU / AAC 天冬醯胺酸 / AAA / AAG 離胺酸	AGU / AGC 絲胺酸 / AGA / AGG 精胺酸
G	GUU / GUC / GUA / GUG 纈胺酸	GCU / GCC / GCA / GCG 丙胺酸	GAU / GAC 天冬胺酸 / GAA / GAG 麩胺酸	GGU / GGC / GGA / GGG 甘胺酸

這個遺傳密碼裡也有起始和終止記號呢！

㉓

胺基酸是什麼？

人類的身體大約有20%是由蛋白質組成的，而組成蛋白質的材料就是胺基酸。

←這裡

←這裡

還有這裡

眼睛也是，頭髮也是。

血和肉，基本上都是胺基酸。

胺基酸是生命的基石，沒有它，身體就無法生成。

嗨！

蛋白質的材料

胺基酸是組成蛋白質的材料。地球上目前已經發現了500多種胺基酸，人體中大約含有100種，其中可以構成身體蛋白質的胺基酸約為20種。

大多數的蛋白質都是由100到500個胺基酸連接而成的，每種胺基酸都有不同的性質，而連接方式會影響蛋白質的性質，因此可以生成具有各式各樣特性的蛋白質。

隕石也是胺基酸！

1969年，在澳洲的莫契孫地區落下的隕石中，發現了微量的甘胺酸、丙胺酸、麩胺酸等胺基酸。而在2008年落於蘇丹奴比安沙漠的隕石中，也發現了胺基酸。或許，這就是在宇宙的某處擁有生命存在的證據吧！

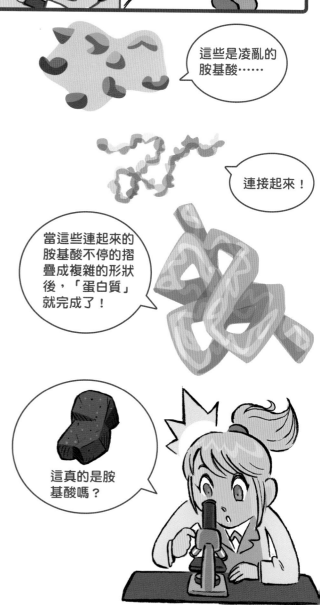

這些是凌亂的胺基酸⋯⋯

連接起來！

當這些連起來的胺基酸不停的摺疊成複雜的形狀後，「蛋白質」就完成了！

這真的是胺基酸嗎？

身體不可或缺的胺基酸是什麼物質呢？身體又為什麼一定需要胺基酸呢？讓我們透過本篇的漫畫一起來探討吧！

構成人體的20種胺基酸

下方列出構成人體的胺基酸種類。這些胺基酸在人體中各有功能，例如可以維持皮膚的保水性、協助肝臟運作，或是當作荷爾蒙或肌肉的基本成分。有的胺基酸可以靠身體自行合成；有的無法靠身體合成，必須從食物中攝取。

體內可以製造的胺基酸

甘胺酸		脯胺酸	
丙胺酸		半胱胺酸	
絲胺酸		天冬醯胺酸	
天冬胺酸		麩醯胺酸	
麩胺酸		精胺酸	
酪胺酸			

體內無法製造，必須從食物中獲取的胺基酸

纈胺酸		白胺酸	
蘇胺酸		甲硫胺酸	
色胺酸		離胺酸	
組胺酸			
苯丙胺酸			
異白胺酸			

決定食物的味道

甜味、苦味、鮮味等食物的味道，也是依據各種胺基酸的性質而來，像是昆布高湯味道的麩胺酸，在番茄或是起司中也大量的存在，能產生鮮美的風味；甘胺酸和丙胺酸帶有甜味；纈胺酸具有苦味；天冬醯胺酸則是酸味。透過這些胺基酸的複雜組合，就形成了食物的味道。

運動時也會使用到

纈胺酸、白胺酸和異白胺酸，是占肌肉蛋白質40％的胺基酸，可以用來促進新肌肉的合成。不過，劇烈運動時體內能量不足，身體同樣也會用到纈胺酸、白胺酸和異白胺酸這3種胺基酸來分解肌肉的蛋白質，以補充能量。因此，如果長時間持續進行劇烈運動，身體內可能會缺乏這些胺基酸。

不夠了唷！

纈胺酸
白胺酸
異白胺酸

依據設計圖連接胺基酸

胺基酸是如何連接的？

在蛋白質製造工廠核糖體中，最為活躍的兩位夥伴是「胺基酸tRNA合成酶」和「肽基轉移酶」。這兩位會和tRNA一起工作，將胺基酸連接起來。

胺基酸tRNA合成酶

將胺基酸和tRNA正確的接在一起。

1 核糖體和mRNA接合	**2** 胺基酸tRNA合成酶將胺基酸交給tRNA	**3** tRNA會結合在配對的密碼子上

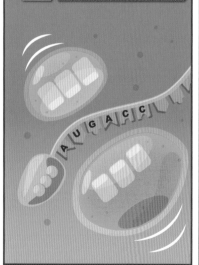

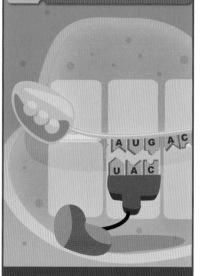

mRNA一離開核仁，等在一旁的核糖體會尋找mRNA上的起始密碼子AUG並與之結合。

胺基酸tRNA合成酶會尋找對應tRNA反密碼子的胺基酸，並將兩者接在一起。

帶胺基酸的tRNA會靠近起始密碼子，當密碼子和反密碼子配對成功時，tRNA才會接合在指定位置。

mRNA從細胞核的核孔出來後，和核糖體結合開始合成蛋白質。首先，讓我們來看一看，胺基酸是如何正確的連接在一起。

肽基轉移酶

位於核糖體的大次單元中，功能是將tRNA帶來的胺基酸連接起來。

胺基酸tRNA合成酶一次只對應專屬的1個胺基酸。

4 當下一組的密碼子配對好，肽基轉移酶會將胺基酸連在一起

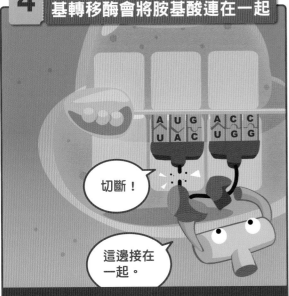

第一組配對好後，tRNA會運來第二個配對的反密碼子。此時位於核糖體大次單元裡的肽基轉移酶，將2個tRNA帶來的胺基酸接在一起。

5 脫離胺基酸的tRNA便離開核糖體

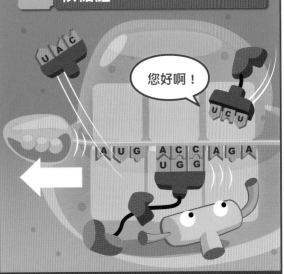

帶來的胺基酸連接之後，最初的tRNA便離開核糖體，mRNA會前進一格，讓下一組的tRNA帶新的胺基酸前來配對，就這樣反覆作業，最後胺基酸就會連成一串。

核糖體的最終任務：摺疊胺基酸

不同的胺基酸有各自不同的特性，例如有些具有親水性或疏水性、帶負電或是帶正電。因此，胺基酸的長鏈可能會因為排斥水分子，或是因為電性相斥而扭曲形狀，最終形成自然且穩定的摺疊狀態。

在摺疊的過程中，多虧有伴護蛋白這樣的夥伴幫了它一把。伴護蛋白有各種種類，這裡以大腸桿菌的伴護蛋白為例，來看一看它是如何工作的。

1 胺基酸連結到最後形成一條長鏈

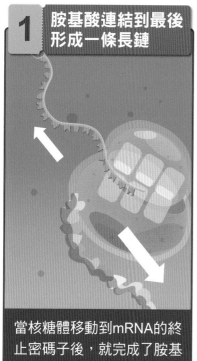

當核糖體移動到mRNA的終止密碼子後，就完成了胺基酸的長鏈，此時核糖體也準備鬆開mRNA。

2 核糖體的大小次單元分散開來

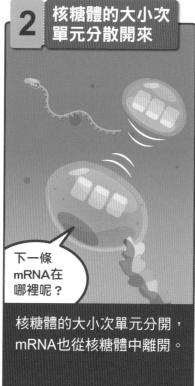

下一條mRNA在哪裡呢？

核糖體的大小次單元分開，mRNA也從核糖體中離開。

3 有些胺基酸長鏈會自然的摺疊

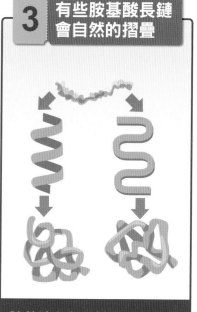

胺基酸有各種性質，依據易溶解或不易溶解的性質，開始形成自然的結構形狀。

核糖體所串起的胺基酸長鏈，無法就這樣形成蛋白質，必須經過不斷的摺疊，變成複雜的立體模樣，才能夠真正發揮蛋白質的功能。接下來，讓我們一起來觀摩蛋白質製造工廠的第二個工程吧！

身體有許多機能，都要靠蛋白質的作用才有辦法進行，而為了進行各種生理活動，蛋白質表面的凹凸處是很重要的。

在眾多的蛋白質中，形成形狀較為複雜的蛋白質通常需要伴護蛋白的協助。

伴護蛋白

將胺基酸的長鏈正確的摺疊。

---

4 有些長鏈則需透過伴護蛋白摺疊

胺基酸長鏈自伴護蛋白的上方進入後，伴護蛋白的蓋子會蓋起，胺基酸長鏈就在伴護蛋白中進行摺疊。

---

5 當伴護蛋白的蓋子再度打開就會釋放摺疊過的蛋白質

當另一條長鏈從伴護蛋白下方進入，下方蓋子也會蓋上，這個動作會觸發上半部蓋子打開，釋放摺疊過的蛋白質，若此時尚未完成最終摺疊則會重複步驟4、5。

內質網 蛋白質的第二製造工廠

咦？核糖體現在要去另一個地方嗎？

在細胞外部所使用的蛋白質，是在內質網生成的。

細胞核 內質網 現在位置

它要去內質網，是蛋白質的第二製造工廠。

製造的蛋白質約占30%

在核糖體生成蛋白質的過程中，內質網會拿一些半成品過來繼續合成，因此，為了方便，內質網表面會附著大量的核糖體；像這樣擁有核糖體的內質網，就稱為「粗糙內質網」。

內質網的工作是繼續合成、摺疊蛋白質，然後再送往下一個目的地。而內質網所製造的蛋白質，主要是送到細胞外去使用，生成量約占全體的30%。

也有平滑內質網

沒有核糖體附著的內質網，則是「平滑內質網」，負責生成細胞膜的成分（磷脂質和膽固醇）。肌肉細胞的平滑內質網可以儲存鈣，腎上腺素的平滑內質網則可以合成類固醇。

EDEM
▶ p.35
控管在內質網製作的蛋白質品質。

E3
▶ p.35
把蛋白質不良品貼上「送去分解」的標籤。

送去分解

送去分解

蛋白酶體
▶ p.35
分解蛋白質不良品。

伴護蛋白BiP
▶ p.35
協助摺疊錯誤的蛋白質正確摺

內質網是由單層膜形成，以相互連接的扁囊狀構造網狀遍布於細胞中。它和核糖體一樣，具有製造蛋白質的功能。

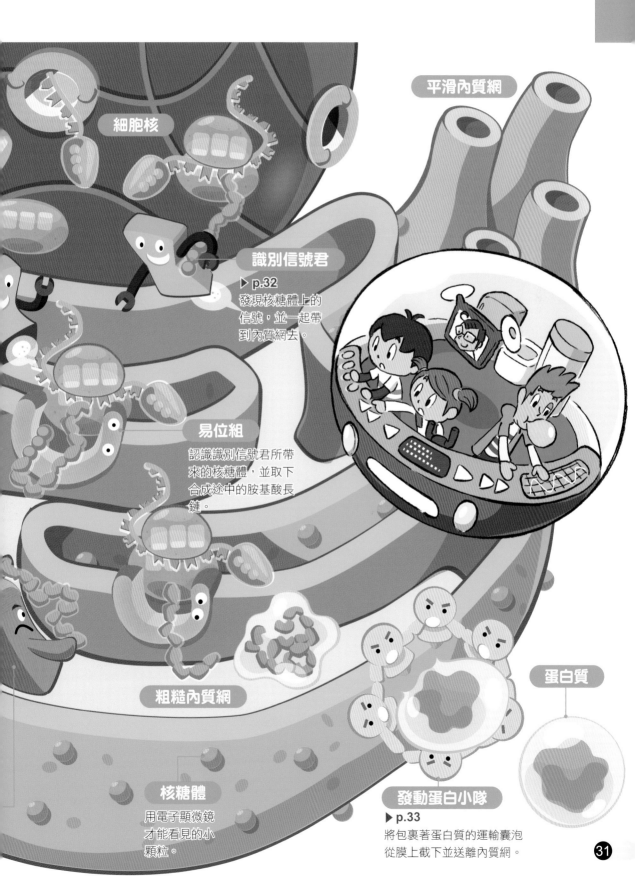

平滑內質網

細胞核

識別信號君
▶ p.32
發現核糖體上的信號，並一起帶到內質網去。

易位組
認識識別信號君所帶來的核糖體，並取下合成途中的胺基酸長鏈。

粗糙內質網

蛋白質

核糖體
用電子顯微鏡才能看見的小顆粒。

發動蛋白小隊
▶ p.33
將包裹著蛋白質的運輸囊泡從膜上截下並送離內質網。

將胺基酸長鏈做成蛋白質

① 識別信號君發現信號

當發現胺基酸長鏈上出現「前往內質網」的信號時,識別信號君就會前往核糖體和信號結合在一起。

核糖體

mRNA（部分的 DNA 副本）

做到一半的胺基酸長鏈

信號

發現你了!

識別信號君

發現信號後,就將核糖體一起帶往內質網。

④ 繼續完成蛋白質的製作

此時,胺基酸的長鏈會被取下送進內質網繼續完成蛋白質的製作,而識別信號君在完成任務後就離開了。

③ 入口開啟

識別信號君和易位組接合後,易位組便開啟。

再見!

② 一起前往內質網

識別信號君將核糖體送到內質網的入口。

一起去吧!

請進!

嗯?

要畫出胺基酸的摺疊感太複雜,形成的蛋白質就用這坨表示。

相同

=

這畫家很偷懶吧!

核糖體中的密碼子裡有「前往內質網」的暗號，當這個暗號被解讀後，會在胺基酸長鏈上形成信號，此時正在解讀密碼子的核糖體會被引導到內質網，而後在內質網上完成蛋白質的合成。

易位組

位於內質網膜上的出入口。可以從識別信號君帶來的核糖體上，將胺基酸長鏈取下來。

發動蛋白小隊

5 合成結束

等胺基酸長鏈都進入易位組之後，「前往內質網」的信號就會脫落。

6 核糖體和 mRNA 分離

核糖體自內質網脫離之後，上面的mRNA和核糖體的大小次單元也會分開。

將包裹著許多蛋白質的運輸囊泡從膜上載下並送離內質網。

zzz...

9 送離內質網

在發動蛋白小隊的協助下，束緊的運輸囊泡順利脫離內質網膜，就像是氣球一樣，註記上行李標籤之後，飄向高基氏體（→p.36）或溶體（→p.76）。

7 摺疊胺基酸長鏈

胺基酸的長鏈摺疊、形成蛋白質後，會標上類似行李標籤，區分這些蛋白質的目的地。

嘿咻！

8 將蛋白質包裹起來

部分內質網膜會因為聚集許多蛋白質而形成運輸囊泡，此時發動蛋白小隊便開始將運輸囊泡的開口端束緊。

不良蛋白質的品檢員

你正在品檢嗎？

如果品質不良的蛋白質堆積太多，就有可能導致生病。

因此將蛋白質不良品修正、最後再檢查一次，是很重要的唷！

恢復原貌了！

① 難免會製造出不良品

在製造蛋白質的過程中，難免會出現摺疊不正確的不良品。

② 伴護蛋白BiP出動

伴護蛋白BiP是位於內質網膜內側的蛋白質，一旦蛋白質不良品變多，伴護蛋白BiP便會前去修正。

③ 將修正過的蛋白質送往下一個場所

將修正過的蛋白質貼上標籤送去下一個地方。

NO

OK

等一下！

伴護蛋白BiP

內質網製作出來的蛋白質，有沒有正確摺疊，需要在過程中進行檢查。如果做錯了，就要修正；如果無法修正，就得送往分解工廠，不能再進行下一個步驟。

修正摺疊錯誤的蛋白。

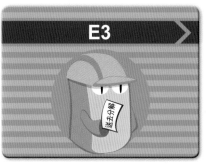

將不良蛋白質貼上「送去分解」的標籤。

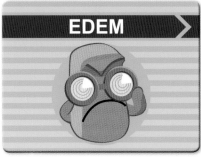

檢查在內質網中製作的蛋白質品質。

分解不良的蛋白質。

E3

唉呀！

⑤ 貼上「送去分解」的標籤

E3會等在出口，負責將送來的蛋白質不良品標上「送去分解」的標籤。

④ 如果仍舊不行，就丟棄

EDEM負責掌控蛋白質的品管，假設修正過後的蛋白質仍無法通過品檢，就會挑出來送到專用出口去。

嗯！這個不行。

NO

EDEM

OK

⑥ 分解處理

蛋白酶體分解工廠的入口可以受理貼有「送去分解」標籤的蛋白質不良品，確認過後進行分解，分解完的物質則送出細胞外。

哇！好不可思議的形狀。

高基氏體是在1898年由勾爾吉・卡密婁發現。

嘿嘿！

義大利的解剖學者，在1906年獲得諾貝爾生理學或醫學獎。

直到近50～60年，藉由電子顯微鏡，人們才對高基氏體有更進一步的認識。

這一臺是光學顯微鏡。

這一臺是電子顯微鏡。

整理、分類再運輸

　　從內質網送來的蛋白質會在高基氏體中進行加工、安裝配件之後，才算完成最終成品。高基氏體的各個囊腔都有專門負責裝配不同配件的夥伴，會按照正確的順序為蛋白質加工。

　　完成後的蛋白質，在最後一個囊腔裡標記上送往細胞膜或溶體的運輸標籤後，就被送往目的地。

不斷的結合和分離

　　高基氏體中的囊腔具有流動性，像袋子一樣層層疊起。有如氣球般的運輸囊泡，從內質網送來，會和高基氏體的囊腔融合，將蛋白質送進囊腔裡，這些囊腔不斷的結合又分離，到最後會形成好幾個囊泡飄散出去。因此，高基氏體雖然有一定的形狀，卻又常像極光一樣在變化。

負責安裝配件的夥伴①

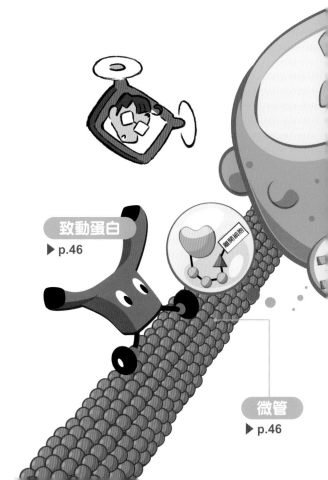

致動蛋白
▶ p.46

微管
▶ p.46

高基氏體是一種被膜包覆的薄形囊狀物，由好幾枚疊在一起。在身體裡工作的各種蛋白質當中，有很多需要再加裝各式各樣特別的配件，高基氏體就是這些蛋白質最終加工、標記運輸目的地後送出的場所。

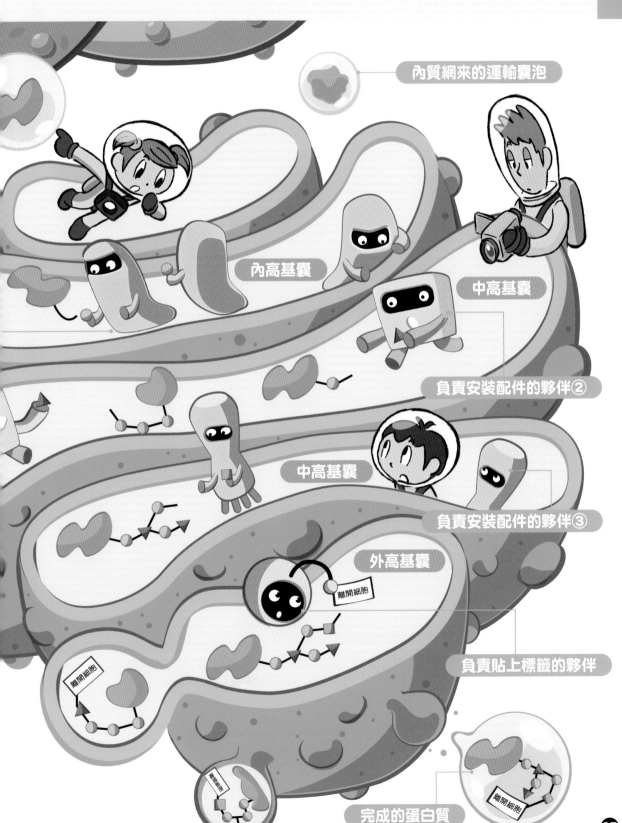

內質網來的運輸囊泡

內高基囊

中高基囊

負責安裝配件的夥伴②

中高基囊

負責安裝配件的夥伴③

外高基囊

離開細胞

負責貼上標籤的夥伴

離開細胞

離開細胞

離開細胞

完成的蛋白質

按照順序安裝配件

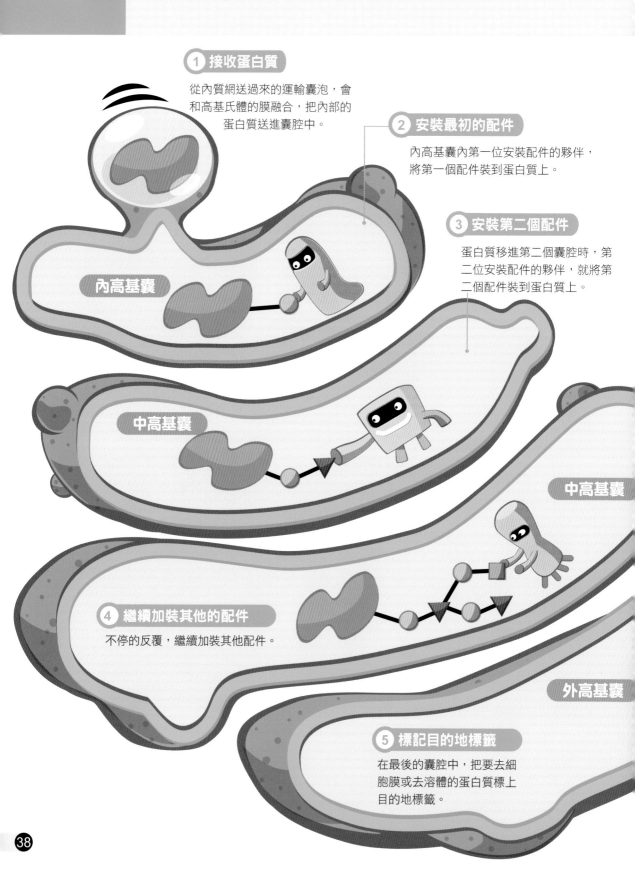

① 接收蛋白質

從內質網送過來的運輸囊泡,會和高基氏體的膜融合,把內部的蛋白質送進囊腔中。

② 安裝最初的配件

內高基囊內第一位安裝配件的夥伴,將第一個配件裝到蛋白質上。

③ 安裝第二個配件

蛋白質移進第二個囊腔時,第二位安裝配件的夥伴,就將第二個配件裝到蛋白質上。

內高基囊

中高基囊

中高基囊

④ 繼續加裝其他的配件

不停的反覆,繼續加裝其他配件。

外高基囊

⑤ 標記目的地標籤

在最後的囊腔中,把要去細胞膜或去溶體的蛋白質標上目的地標籤。

從靠近內質網的內高基囊開始，一直到最後的外高基囊為止，蛋白質會在高基氏體內進行加工、安裝配件等作業。這些配件是為了讓蛋白質之後能在正確的位置上好好工作，因此需要按照一定的順序，在高基氏體的各個囊腔內逐步裝置好。

安裝配件的夥伴

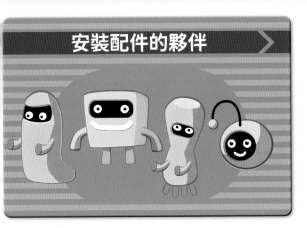

這些夥伴分別存在於特定的囊腔內，並將指定的配件安裝到蛋白質上。

⑥ 形成囊泡，往目的地移動

最後囊腔的膜膨大，將蛋白質包住，膨大部位的開口逐漸束緊，最後脫離了膜，形成囊泡並往目的地前進。這個囊泡的形成和運輸機制，跟內質網一樣。

配件的安裝順序已經決定

在高基氏體中有許多負責安裝配件的夥伴，各自待在不同的囊腔，在蛋白質依序層層移動時加裝各自負責的配件上去，擁有正確結構的蛋白質就完成了！

蛋白質會被送往何處？

在高基氏體進行最後加工的蛋白質，可能會被送到細胞膜成為細胞膜組成成分，也可能自細胞膜離開，到細胞外工作，或是送到溶體。有時從內質網來的運輸囊泡會不小心帶來內質網的配件，最後就遣返送回內質網。

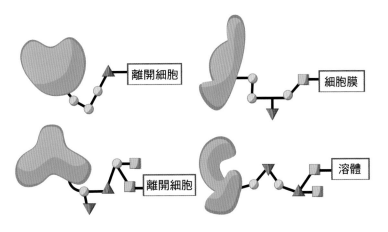

配件的任務

也許你就是解開謎團的那個人！

我們身體裡的細胞帶有許多「配件」，是由高基氏體負責加工上去的。那麼，這些「配件」是如何工作的呢？

細胞身分的標記

「配件」的正式名稱為「多醣類」。它會附著在組成細胞膜的蛋白質或脂質上面，在細胞表面接連突起，包覆細胞的表面。

不同的細胞，「配件」的類型也會不一樣。即使在同一個人的身體裡，依據肺和心臟、胃和腸，或是皮膚等不同場所，也會有不同的「配件」。例如，人類的血型可以分為A、B、AB和O型，這是由於紅血球上的配件不同所致。

成為病毒感染的破口

流感病毒本身會利用自己的「血球凝集素」配件，潛入人類的細胞。這個「血球凝集素」是以人類的喉嚨、鼻腔細胞中的配件「唾液酸」當作目標，只要與之接合，就可以奪取該細胞！

細胞和蛋白質的守護者

因為覆蓋在細胞的表面，「配件」可以阻隔會將蛋白質分解的酵素，或是阻擋來自外界傷害細胞的熱源。如果配件被從中切斷或是遺失，這個蛋白質就會視為「老化」而被分解處理掉。

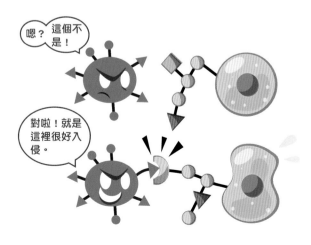

嗯？這個不是！

對啦！就是這裡很好入侵。

配件的研究可以應用在疾病的發現或是治療上

「配件」若產生變化，表示細胞也發生變化。例如癌症就是正常細胞的DNA受到傷害，使得異常細胞數量漸漸增加的疾病。正常的細胞在變成癌細胞的時候，表面突起的「配件」也會跟著產生變化，於是可以憑藉這一點來做癌症的研究。

如果知道癌細胞的「配件」如何變化，就能在癌症發展之初尋找癌化中的細胞，或是開發出更容易作用於這種「配件」的藥物，有效瞄準癌細胞投藥。如果人類更加了解「配件」的變化，就能更清楚癌症發展的過程。

目前，人類對於各種癌細胞的「配件」研究越來越深入。若是能針對那些原因不明、難以治療的疾病「配件」進行探索並有所進展，或許可以找到新的治療方法。

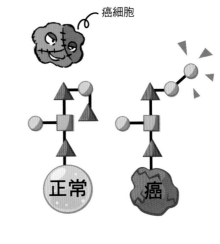

癌細胞

正常　癌

是癌細胞！

世界各地的研究者正齊心努力的建立資料庫。

糟糕！

蛋白質如何在高基氏體中移動？

高基氏體中分散著好幾層囊腔，蛋白質是如何在各囊腔間移動的呢？這裡面的運作仍有許多未解之謎，科學家提出了以下幾種假設，目前仍在討論中。

是靠囊泡將蛋白質包圍後移動嗎？

大約20年前，利用「囊泡」移動還是最主流的想法。就像為了要從內質網移動到高基氏體，高基氏體的各囊腔也會形成囊泡，將蛋白質包住，移動到下一個囊腔去，接著再到下一個……直到如今，仍有科學家支持這個說法。

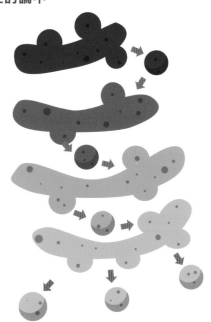

還是囊腔之間有通道呢？

還有一個想法是，在高基氏體的各囊腔之間，有看不見的通道彼此連繫，蛋白質就利用這個通道移動到下一個囊腔——像這樣的假設也有人提出。

在「通道說」的假設下，囊腔不會動，只有蛋白質單獨由通道運輸。如果這個方式成立，那麼協助替蛋白質加工的各種夥伴也會一直待在同樣的腔室，這樣「配件」就能按照順序組裝，所以這個假設也是合理的。

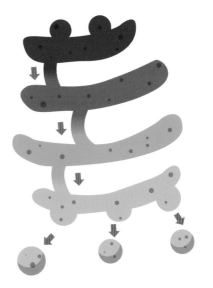

你們或許也能解開這個謎題哦！

高基氏體就像電扶梯？

「囊腔」可以依序推送

① 從內質網送來的數個運輸囊泡結合在一起，就成為最初的囊腔。

 新的內高基囊完成了！

 內高基囊完成了！

② 接著，在靠近內質網一側，像①一樣又有新的囊腔產生，就把舊的囊腔往外推出去。

中高基囊完成了！

③ 就這樣接二連三完成一個個新的「囊腔」，舊的囊腔只好一直往外面推。

最後，最外層那個最初的囊腔，再次分離成幾個「囊泡」，分別朝目的地前進。

外高基囊完成了！

④

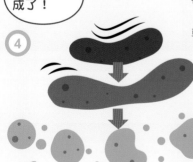

負責配件加工的夥伴，會靠囊泡返回？

依據「電扶梯理論」，最初形成的囊腔，會按照順序逐次傳送到最外層，囊腔內負責安裝配件的夥伴，也會跟著往外推出，這樣就無法「每個囊腔裡都有固定的夥伴依序加工配件」了。

針對此點，有一個理論指出，這些夥伴會乘坐囊泡返回上一層囊腔。但這個說法目前還有待證實。

就像是在向下的電扶梯裡按造一定節奏向上走。

即使所在的階梯改變，但是自己的位置卻是不會變的。

不可以逆向上電扶梯！

接下來要去哪裡？

細胞城市的骨架

三種細胞骨架

　　細胞骨架分為三種，全部都由蛋白質組成。第一種是微管，像吸管一樣中空，直徑約為25奈米（nanometer*），它們可作為連接高基氏體等器官內合成的蛋白質道路，也可以成為決定內質網和粒線體位置的基準點。

　　第二種是中間絲，約10奈米寬，像很細的蛋白質絲線構成的繩索一樣，在細胞中網狀遍布、支撐細胞全體。

　　最後一種是微絲，直徑7奈米寬，負責細胞膜的變形、肌肉的伸展收縮等工作。

既是骨頭，也是肌肉？

　　受傷的時候，負責殺菌的白血球和產生皮膚的纖維母細胞會聚集在傷口上，這些細胞像變形蟲一樣可以自由移動，而細胞骨架就是控制這個機制的重要因子。

　　其中的微管和微絲，會透過增加配件來增長或是減少配件來縮短，藉由不斷的變化形態來讓細胞產生運動，在細胞分裂時能發揮強大的效用。因此，細胞骨架既扮演著支撐細胞形態的骨架角色，同時也扮演能幫助運動的肌肉角色。

*1奈米（nanometer）為1毫米的百萬分之一。

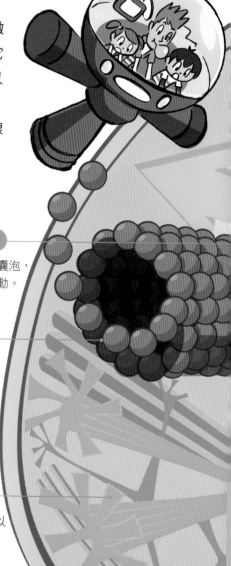

致動蛋白
將裝有蛋白質的囊泡，往細胞膜方向移動。
▶p.46～49

微管
可以形成蛋白質等運輸途徑，同時也可以形成鞭毛或纖毛。
▶p.46～49

中間絲
遍布在細胞全體以維持細胞形狀。
▶p.50～51

組成身體的每一個細胞，都有稱為「細胞骨架」的構造，用來維持細胞形狀。雖然在細胞模型圖裡很少看到它，但其實這個架構像複雜的網路一樣充斥著整個細胞。
細胞骨架和支撐人體的骨骼不同，可分為三種類型，每種類型都有不同的功能。細胞骨架會被拆除並不斷重建，以持續改變形狀。

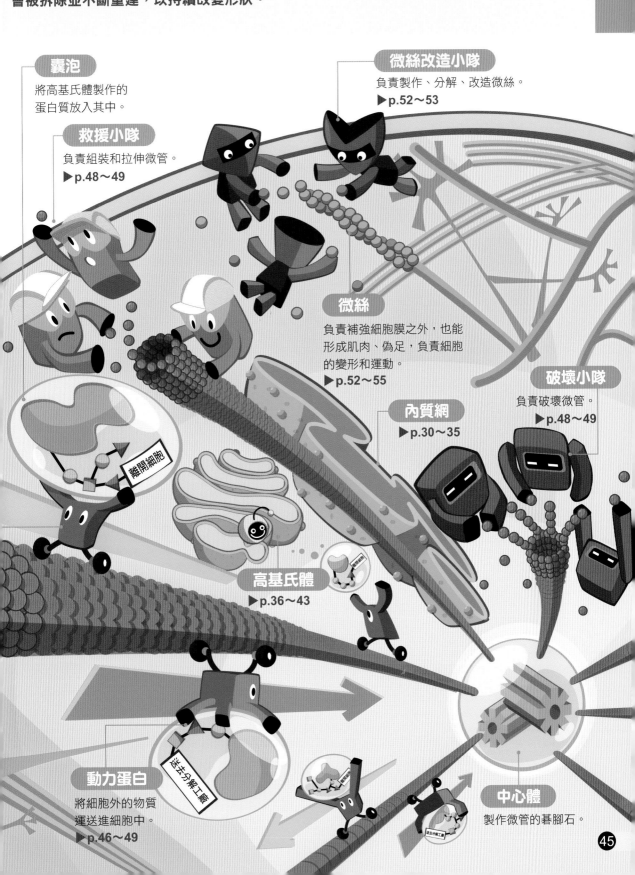

囊泡
將高基氏體製作的蛋白質放入其中。

微絲改造小隊
負責製作、分解、改造微絲。
▶p.52～53

救援小隊
負責組裝和拉伸微管。
▶p.48～49

微絲
負責補強細胞膜之外，也能形成肌肉、偽足，負責細胞的變形和運動。
▶p.52～55

內質網
▶p.30～35

破壞小隊
負責破壞微管。
▶p.48～49

離開細胞

高基氏體
▶p.36～43

動力蛋白
將細胞外的物質運送進細胞中。
▶p.46～49

送去分解工廠

送去分解工廠

中心體
製作微管的碁腳石。

主要的輸送道路
微管①

從細胞中心向外運輸的致動蛋白

高基氏體等製作的蛋白質，會收進囊泡中，再由致動蛋白負責將其從細胞中心向外運輸。

致動蛋白又稱為馬達蛋白質，利用在粒線體內產生的能量（→p.66）進行運動。當這些囊泡運送至細胞膜附近時，它們會和細胞膜融合成一體，只有囊泡內的物質能脫離細胞去到外界。

致動蛋白有許多不同種類，每種可能負責運輸不同的物質，而細胞內有些胞器，例如粒線體等，也由致動蛋白運輸。

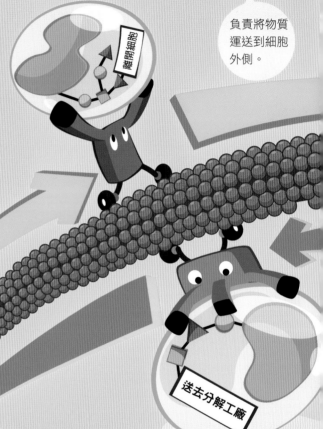

負責將物質
運送到細胞
外側。

離開細胞

範圍細胞

抓到了！

送去分解工廠

再見！

送去分解工廠

向細胞中心運輸的動力蛋白

動力蛋白和致動蛋白相反，是將從細胞外部而來的物質運輸到細胞中心。它和致動蛋白都是一種馬達蛋白質，捕捉包覆著病原菌或不需要的蛋白質等囊泡，並將其運送至細胞內的分解工廠，例如溶體（→p.76）。

細胞中常有各種物質進進出出，因此細胞內存在運輸這些物質的機制，主要有微管和負責搬運物質的致動蛋白、動力蛋白等。

現在就讓我們來看一看微管如何作為物質運輸的路徑吧！

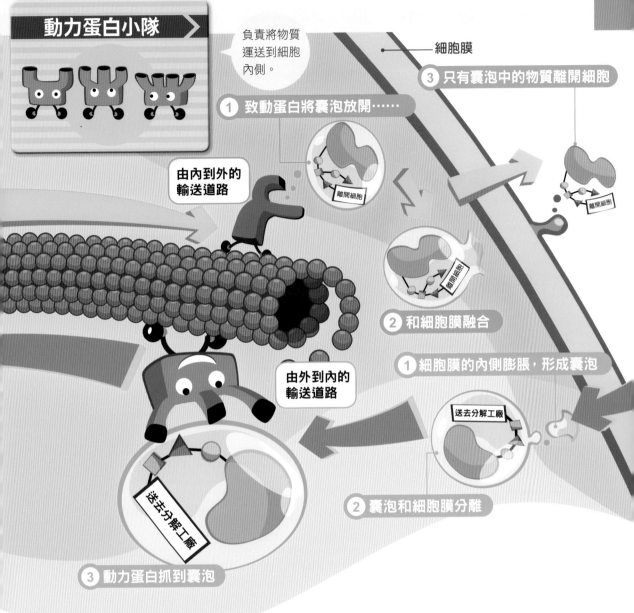

動力蛋白小隊

負責將物質運送到細胞內側。

細胞膜

③ 只有囊泡中的物質離開細胞

① 致動蛋白將囊泡放開……

由內到外的輸送道路

離開細胞

離開細胞

② 和細胞膜融合

① 細胞膜的內側膨脹，形成囊泡

由外到內的輸送道路

送去分解工廠

送去分解工廠

② 囊泡和細胞膜分離

③ 動力蛋白抓到囊泡

青鱂魚的體色變化也和致動蛋白、動力蛋白有關

當青鱂魚處於黑暗環境時，體色會變得較深；當牠游動到明亮的地方時，體色會恢復原本的銀色。這是因為在青鱂魚的鱗片內部，微管從中心向外延伸，這些微管上有搬運著黑色顆粒的致動蛋白和動力蛋白在移動。

當致動蛋白將黑色顆粒運送到鱗片外部時，整個鱗片就會散布黑色顆粒，讓體色變暗；而當動力蛋白將黑色顆粒搬回中心時，鱗片就會變回明亮的銀色。

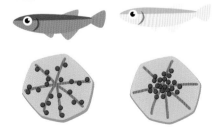

身體變暗了。　　身體變明亮。

重複的破壞和製造
微管②

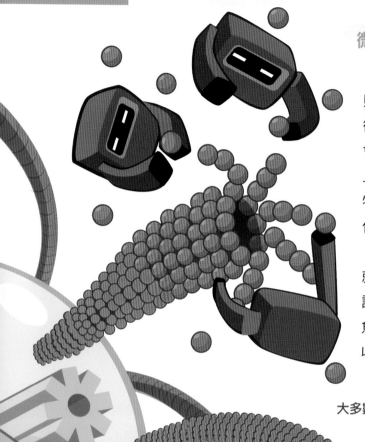

微管就像釣魚線，可伸長和收縮

微管是由微管蛋白這種小型蛋白質規則的結合在一起所組成的。細胞中有許多微管蛋白，當微管要伸長時，救援小隊就會前來，不斷將微管蛋白添加到管狀結構上，當微管的末端和其他蛋白質或微絲等物質結合時，微管變得穩定，就停止繼續伸長。

如果沒有可以結合的物質，微管蛋白就會自行解離，或受到破壞小隊的作用，讓微管縮短。像這樣的微管活動，類似釣魚時將釣竿甩向目的地，投放釣線然後再收回一樣，可以根據需求不停的收放。

大多數的微管從中心體伸出

維持細胞形狀的重要支柱

微管通常由中心體伸出，並以放射狀廣布於細胞內，除了作為維持細胞形狀的支柱外，內質網（→p.30）和高基氏體（→p.36）也依賴微管來定位其位置。

當內質網隨著細胞成長而擴大時，致動蛋白會拉動內質網的膜，沿著微管前進，從而擴大內質網。此外，動力蛋白會拉動高基氏體的膜，將其引導至細胞中心附近。

細胞會不斷的生長、分裂、運動或是受到外部力量的作用，因此需要時常變化、適時調整形狀，這也是為什麼微管會不停伸縮的原因。接著，讓我們來看一看微管伸縮的機制。

破壞小隊

將微管分解回微管蛋白。

救援小隊

將微管蛋白黏接在微管上以延伸。

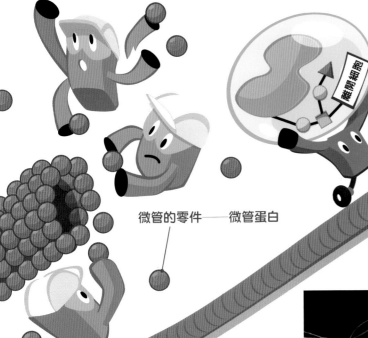

離開細胞

微管的零件——微管蛋白

送去分解工廠

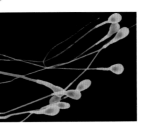

人類的精子，鞭毛的長度為數十微米（μm*）
（Visuals Unliited, Inc.／PPS通信社）

大部分纖毛的長度為數微米。
（Science Sourse／PPS通信社）

精子的尾巴和纖毛也是如此！

　　人類的精子有像尾巴一樣的「鞭毛」，可以像鞭子一樣擺動游動；此外，喉嚨和氣管表面的細胞上也有微小的「纖毛」，能將灰塵等雜物排出體外。

　　這些鞭毛和纖毛的結構非常相似，它們內部約有20條微管以規則的方式排列成束。這些微管的間隙由動力蛋白相互連接，而動力蛋白運動所產生的力量可以擺動鞭毛。

我們正在活動哦！

＊1μm（micrometer，微米）等於1mm（millimeter，毫米）的千分之一。

守護細胞城市的中堅分子
中間絲

中間絲在皮膚和肌肉中很常見

　　中間絲也存在於細胞外，並且有連接細胞和細胞的作用。在細胞內部，中間絲從細胞核附近開始網狀般的密布到細胞膜。

　　由蛋白質細絲所組成的中間絲，彼此纏繞成類似繩索的結構，在細胞骨架中最為堅固。它在常需要承受外力作用的細胞中特別發達，例如皮膚、頭髮和指甲等地方，會特別形成特殊細絲結構，稱為「角蛋白」。

　　而在像坐骨神經這樣長達近1公尺神經細胞的軸突部分，也有許多中間絲存在，靠它們支撐著軸突的結構。

從內提供核膜的補強

　　中間絲也存在於細胞核內，在核膜的內側形成網狀結構對其進行補強。這種網狀結構是由名為「核片層蛋白」的蛋白質組成，特色是呈現網狀，不是一般的繩狀結構。

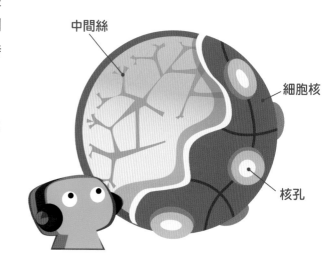

中間絲

細胞核

核孔

中間絲的大小介於微管和微絲中間,所以稱為中間絲。在三種細胞骨架中,中間絲擁有最大的強度,它具有抗性,能保護細胞抵抗外界張力的影響。

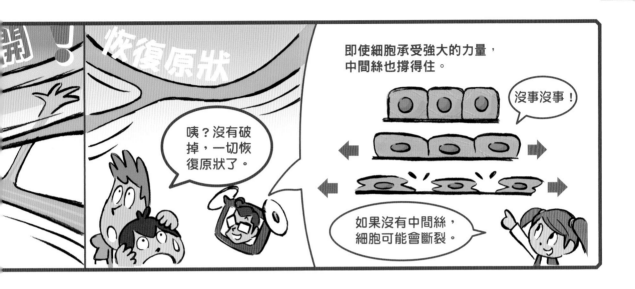

頭髮也是長絲纖維

頭髮的形成,先由幾根中間絲組合成繩狀結構,再將數條繩狀結構扭成更粗的纖維結構,把這些很粗的纖維結構再繼續集結成束,最後就形成頭髮。頭髮的最外層是由被稱為「角質層」的鱗片狀蛋白質組成,這些毛鱗片呈瓦狀排列,疊至4～10層厚,就像茅草屋的屋頂一樣,負責保護頭髮的內部。

如此一來,頭髮就像是捻緊並結合成堅固繩索的束狀結構。一般而言,每根健康的頭髮可以承受70至100公克的重量拉扯而不受損;也就是說,只要10根頭髮就能懸掛一個1公升的塑膠瓶。

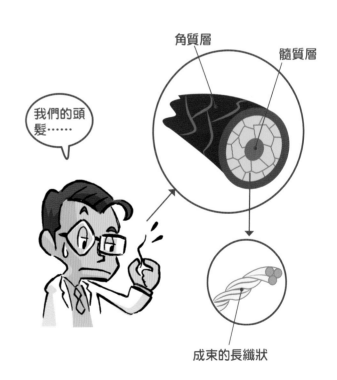

負責細胞的補強和變形
微絲①

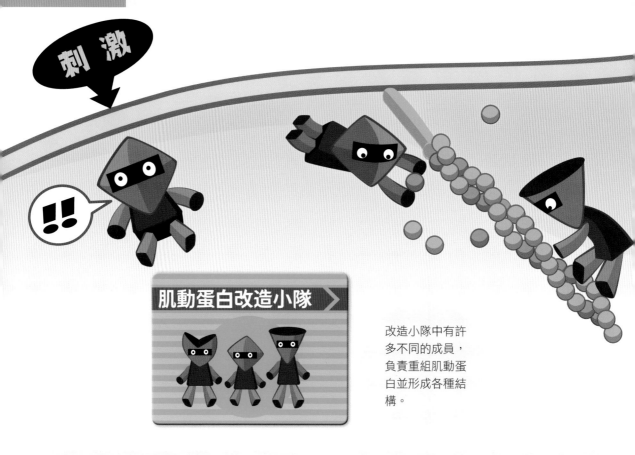

刺激

肌動蛋白改造小隊

改造小隊中有許多不同的成員，負責重組肌動蛋白並形成各種結構。

溫柔的保護邊界之牆

微絲在細胞膜的下方呈網狀分布，自內側強化細胞膜。這些絲狀構造由螺旋狀的肌動蛋白纏繞而成，比起微管和中間絲，它們更加柔軟和靈活。

當外部施加橫向拉力於細胞時，微絲能夠迅速重組並改變其結構，使其方向轉成縱向。透過這種對外部力量的靈活反應，達到保護細胞內部的功用。

動態重組

構成微絲的是一種稱為肌動蛋白的小型蛋白質，肌動蛋白平常以分散形式存在於細胞中，通常會有一個像帽蓋的東西保護，以防止它們隨意結合。

必要時，肌動蛋白改造小隊會連接肌動蛋白，或是分解微絲，使其回到肌動蛋白的狀態。

因此，肌動蛋白改造小隊的隊員有多種類型，它們可以將肌動蛋白切成短短一段，或是交織成網狀平面，又或者做成分支狀，進行各種形態的重組。

微絲是三種細胞骨架中最細且最靈活的一種，它存在於我們體內的所有細胞中，無論是動物或植物，幾乎所有生物的細胞內都有微絲。微絲參與許多細胞運動，例如肌肉的伸縮、細胞的變形和運動、細胞分裂等。

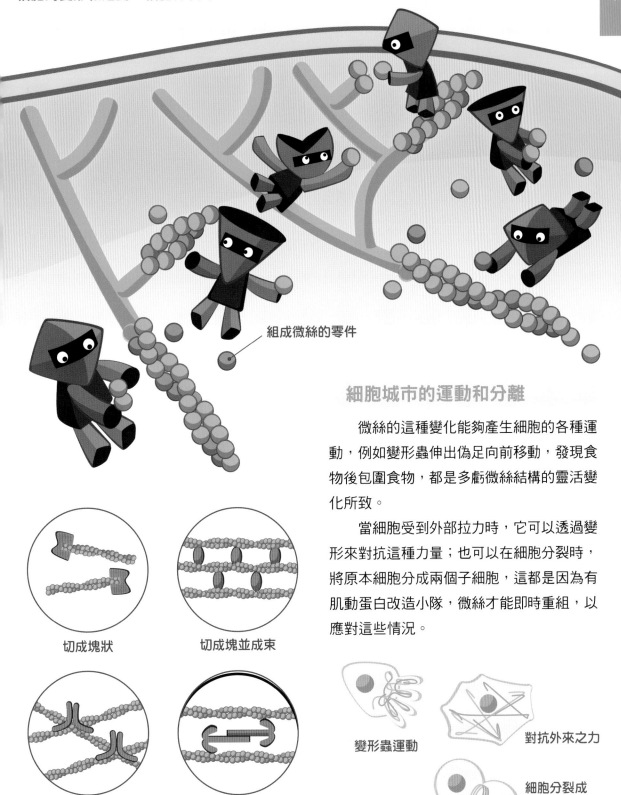

組成微絲的零件

細胞城市的運動和分離

微絲的這種變化能夠產生細胞的各種運動，例如變形蟲伸出偽足向前移動，發現食物後包圍食物，都是多虧微絲結構的靈活變化所致。

當細胞受到外部拉力時，它可以透過變形來對抗這種力量；也可以在細胞分裂時，將原本細胞分成兩個子細胞，這都是因為有肌動蛋白改造小隊，微絲才能即時重組，以應對這些情況。

切成塊狀

切成塊並成束

交叉或分支

順暢的滑動或移動

變形蟲運動

對抗外來之力

細胞分裂成兩個

肌肉運動的祕密
微絲②

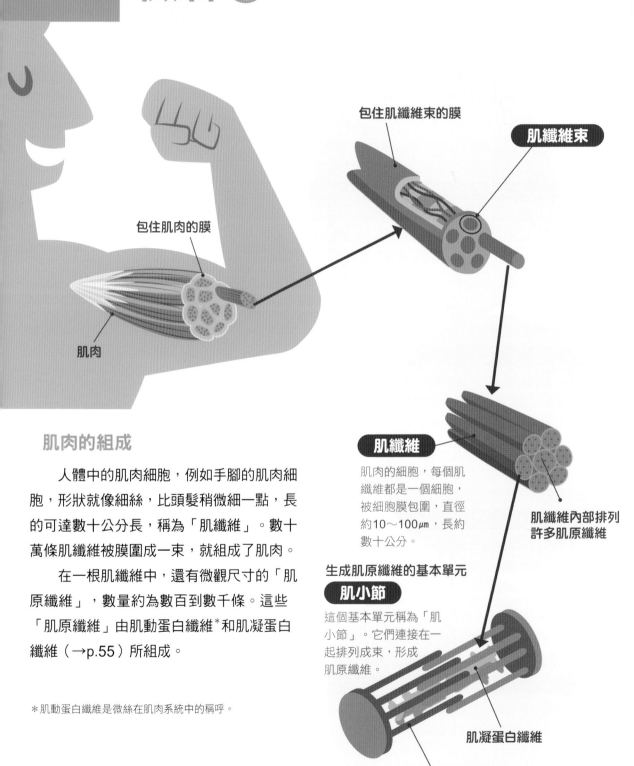

包住肌肉的膜

肌肉

包住肌纖維束的膜

肌纖維束

肌纖維

肌肉的細胞，每個肌纖維都是一個細胞，被細胞膜包圍，直徑約10～100μm，長約數十公分。

肌纖維內部排列許多肌原纖維

生成肌原纖維的基本單元

肌小節

這個基本單元稱為「肌小節」。它們連接在一起排列成束，形成肌原纖維。

肌凝蛋白纖維

肌動蛋白纖維

肌肉的組成

　　人體中的肌肉細胞，例如手腳的肌肉細胞，形狀就像細絲，比頭髮稍微細一點，長的可達數十公分長，稱為「肌纖維」。數十萬條肌纖維被膜圍成一束，就組成了肌肉。

　　在一根肌纖維中，還有微觀尺寸的「肌原纖維」，數量約為數百到數千條。這些「肌原纖維」由肌動蛋白纖維*和肌凝蛋白纖維（→p.55）所組成。

＊肌動蛋白纖維是微絲在肌肉系統中的稱呼。

人體的肌肉細胞是由數十億條以上的微絲組成的，活動手腳時，肌肉會伸縮，接下來就讓我們一起去體驗一下運動時微絲是如何作用的吧！

肌肉伸縮的祕密：肌凝蛋白纖維

肌原纖維是構成肌肉的最細微細絲，由稱為「肌小節」的單元相連接，內含兩種不同直徑的纖維。

較細的纖維是直徑約7奈米的肌動蛋白纖維，由數百個肌動蛋白相接，它們的表面被結合蛋白牢牢的捆在一起。

較粗的纖維則是直徑約15奈米的肌凝蛋白纖維，由約300個肌凝蛋白組成；肌凝蛋白是一種馬達蛋白質，它們相互結合而形成肌凝蛋白纖維。

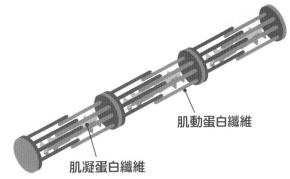

肌動蛋白纖維

肌凝蛋白纖維

肌凝蛋白

肌凝蛋白纖維的形成機制

我們大量聚在一起，讓肌纖維能滑順的運動。

當一個肌凝蛋白　　　　遇到了另一個肌凝蛋白

形成許多束肌凝蛋白……　　一邊慢慢移動，一邊黏在一起……

肌凝蛋白纖維完成了！

在放鬆的狀態下

在沒有施力、肌肉處於放鬆的狀態下，兩種纖維只是單純的重疊而已，就像將撲克牌疊放在一起，彼此之間可以隨時滑動，準備待命；當位於對立面兩側的肌肉收縮時，此處的肌肉就會被拉伸。

在收縮的狀態下

當接收到運動神經的信號時，肌凝蛋白會和肌動蛋白結合，將肌動蛋白纖維拉向自身，於是兩側的肌動蛋白纖維會縮短距離，使整體變短。

透過不停的放鬆、收縮，這種肌肉之間的協同作用能使得肌小節靈活的伸縮。

守護細胞城市的柔軟之壁
細胞膜

啊！不小心離開細胞了。

包覆細胞的是細胞膜，上面有很多出入口。

細胞膜上有和鄰居細胞連接的裝置，也有蒐集或傳遞情報用的天線，看來細胞膜上也是滿熱鬧的嘛！

油做成的柔軟膜

細胞膜是由一種名為「磷脂質」的油性物質組成，磷脂質同時具有親水和親油的特性，當磷脂質分散在水中時，親水的部分會朝向外側，而疏水的部分則朝向內側，自然而然形成如右圖的雙層膜構造。

右圖中的細胞膜結構，和胞器中的內質網、高基氏體、溶體等的膜，都是相同的組成，在細胞內負責運輸物質的囊泡，也是由一樣的結構構成。

只允許特定物質通過的出入口

氧氣、二氧化碳和水等小分子物質，可以直接穿過細胞膜進出細胞內外；胺基酸和葡萄糖等大分子物質，則需使用專用的出入口才能通行；另外，礦物質成分，例如鈉和鈣等帶電的小分子，同樣無法自由進出，也需要使用專用的出入口。這些出入口都由蛋白質組成，能夠準確的控制物質進出細胞。

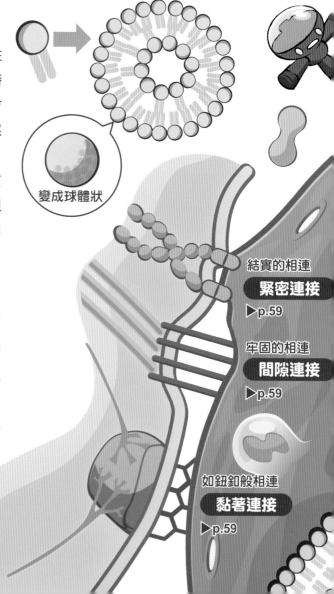

變成球體狀

結實的相連
緊密連接
▶p.59

牢固的相連
間隙連接
▶p.59

如鈕釦般相連
黏著連接
▶p.59

細胞膜是細胞內部和外部之間的分界線。為了保持細胞中的環境穩定，細胞膜不僅用來明確區分細胞內、外部環境，同時也是從外部吸收必要物質的場所。但這兩種功能是如何實現的呢？

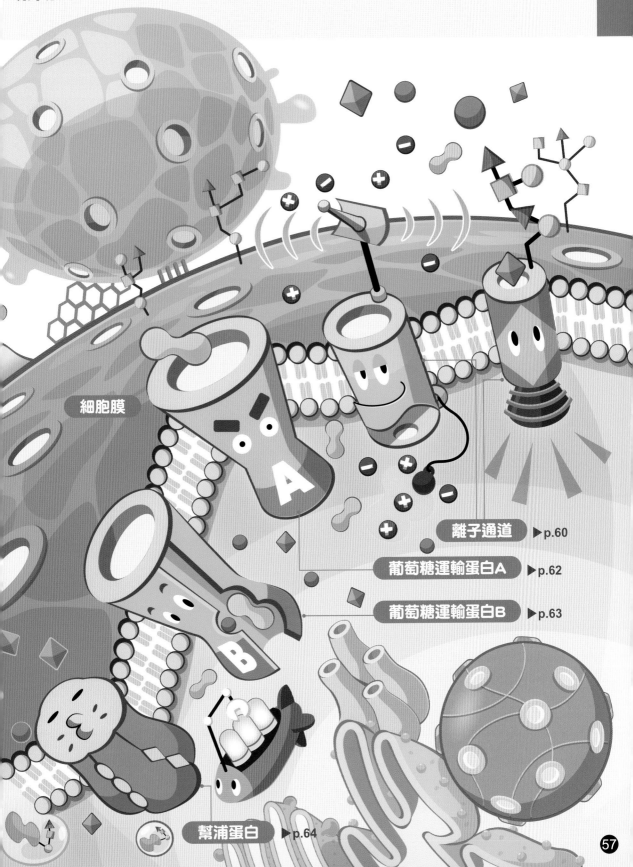

細胞膜

離子通道　▶p.60

葡萄糖運輸蛋白A　▶p.62

葡萄糖運輸蛋白B　▶p.63

幫浦蛋白　▶p.64

細胞內外

接收養分，排出廢物

　　充斥在細胞間的液體稱為「組織液」，它是從微血管中滲出的水分。組織液裡含有各種離子（→p.61）、由血液運輸的養分和含氧物質。細胞透過細胞膜自組織液中吸收所需的氧氣、胺基酸、葡萄糖等物質；同時也將細胞內產生的廢物向外送回組織液中。而在養分和廢物的交換過程中，細胞膜扮演十分重要的角色。

細胞內外的濃度維持恆定

　　細胞內的水分和組織液中的成分稍有不同，但兩者都是0.9%的鹽水。如果組織液濃度變低，水分會從組織液中進入細胞內，使細胞膨脹；而當組織液濃度過高時，則換細胞內的水分流至組織液，細胞變得萎縮。

　　保持細胞內外相同的0.9%濃度非常重要，身體會透過細胞膜的物質交換來維持這個恆定。

細胞之間的連接方式

　　構成同一個組織的細胞群漂浮在組織液中，透過嵌入細胞膜中的蛋白質和相鄰的細胞相連。

　　這些相連的蛋白質，有些像拉鍊一樣，緊密的將細胞膜連接在一起；有些和膜內的微絲結合，藉此與鄰居細胞相連；還有像「鈕釦」一樣固定在細胞膜內部和中間絲結合的機制。

皺皺的

組織液的濃度比較高。

濃度相同。

組織液的濃度比較低。

變脹了

透過顯微鏡觀察，可以看到細胞和細胞間有一些微小間隙，這裡稱為細胞的「外部」，是進行物質交流的地方。這個地方和細胞內部有什麼不同呢？

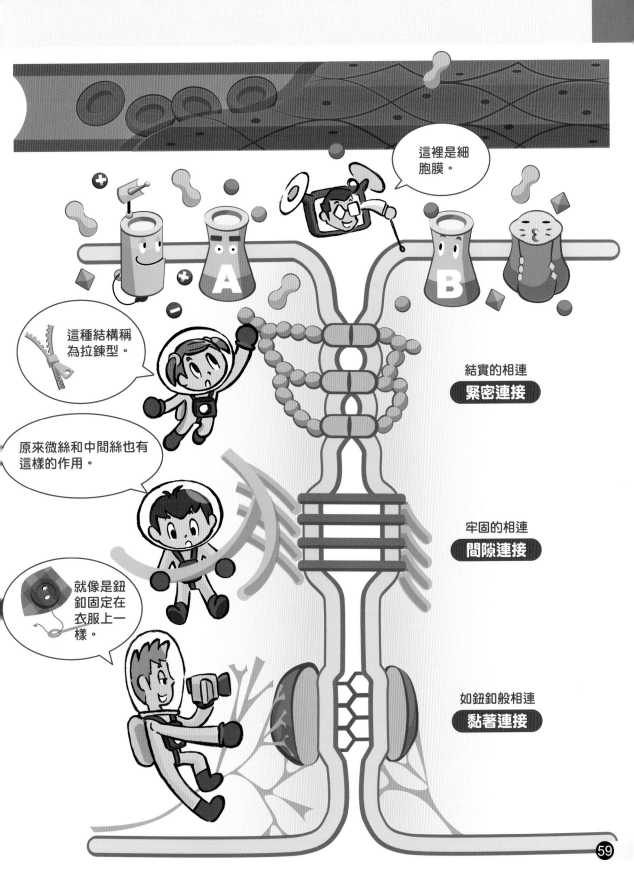

帶有開關閘門的通道
離子通道

特定的物質出現，閘門就會打開

允許鈉和鈣等物質通過的出入口，稱為「離子通道」。這種通道帶有閘口，允許特定的物質進出，例如僅允許鈉通過的通道、僅允許鈣通過的通道等，總共有100種以上不同的通道。

當細胞膜內外的正負電荷平衡改變，或特定物質附著於其上時，閘門就會開啟，由於機制簡單，因此能快速的放行，每秒可通過100萬個物質。

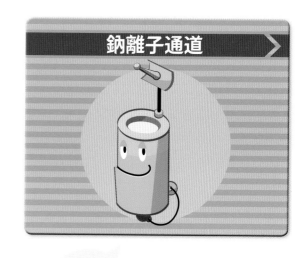

鈉離子通道

負責控管鈉的出入。

1 一般通道的閘門是關閉的

通道上配備有感知電荷平衡的感應器。

2 當電荷失衡時，感應器會感應到並觸發

正電荷變多！

啵！

閘門打開，通道讓特定物質通過細胞膜。

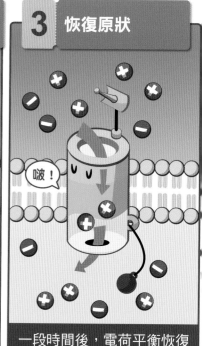

3 恢復原狀

啵！

一段時間後，電荷平衡恢復穩定，閘門關閉並恢復成原始狀態。

在細胞膜上的出入口內，最簡單的是「離子通道」。它的主要功能是讓帶有電荷的物質通過，例如鈉離子等。

什麼是帶電的物質？

例如，大家熟悉的鹽，化學名稱是「氯化鈉」，由氯（Cl）和鈉（Na）結合而成，當它溶在水中時會分解為帶有負電荷的「氯離子」，和帶有正電荷的「鈉離子」。

在我們的身體中，這些物質就是以這樣的離子形式存在於血液、組織液和細胞中，並和各種分子結合。溶解離子的液體具有導電性，細胞就是靠著這個性質得以進行各種活動。

它是如何工作的？

遍布在身體中的神經是負責傳遞大腦的指令等重要信息的情報網，在情報網上，信息可以快速的透過電訊號傳遞信息，利用離子進出細胞。

每當心臟跳動一次，心肌細胞中的鈉離子、鈣離子和鉀離子會迅速的來回運動；此外，身體的水分也多虧離子的作用才得以調節，這表示離子對於生命維持是不可或缺的要素。

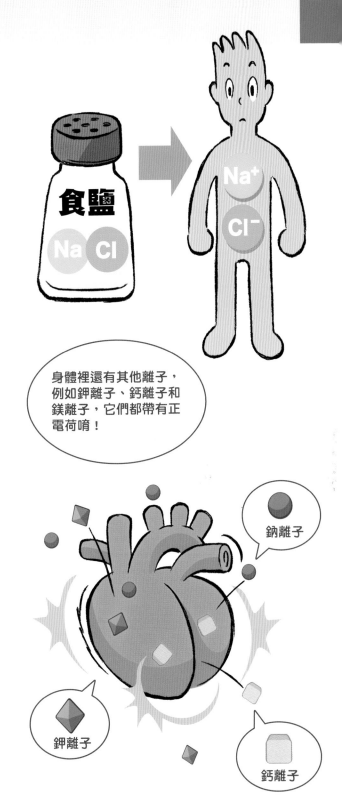

食鹽
Na Cl
Na⁺
Cl⁻

身體裡還有其他離子，例如鉀離子、鈣離子和鎂離子，它們都帶有正電荷唷！

鈉離子

鉀離子

鈣離子

大型物品的運送
運輸蛋白

特定對象出現，運輸蛋白就變形

因為胺基酸和葡萄糖的體積比離子和氧氣大，無法直接通過細胞膜，這時運輸蛋白就可以發揮作用，負責協助特定物質通過細胞膜。每種運輸蛋白都有專屬的功能，當它們和特定物質結合時，會觸發機制，使得蛋白質整體結構發生變化，讓該物質順利通過細胞膜。以下就是負責運輸葡萄糖至細胞內的運輸蛋白機制。

協助葡萄糖
進入細胞。

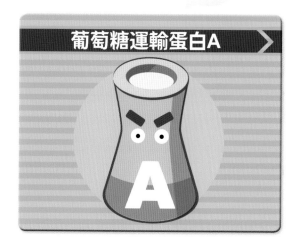

葡萄糖運輸蛋白A

1 向外開啟、待命	2 外側關起，內部開啟	3 恢復原狀

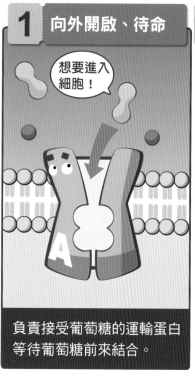

想要進入細胞！

咚咚咚！

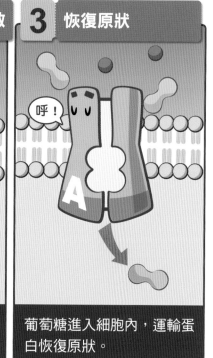

呼！

負責接受葡萄糖的運輸蛋白等待葡萄糖前來結合。

接受葡萄糖後，利用形狀變化將外側關起，內部打開。

葡萄糖進入細胞內，運輸蛋白恢復原狀。

細胞活動所需的胺基酸、葡萄糖等出入口，稱為「運輸蛋白」。若和離子通道相比，運輸蛋白的輸送機制稍微複雜一些，它和特定物質結合時會改變形狀，並轉換成一種能夠通過該物質的結構。

兩次變形後，一次輸送兩個物質

葡萄糖在提供身體能量方面非常重要，因此細胞內有多種機制來攝取葡萄糖。不同的組織，例如腸子或肌肉等，運輸蛋白會稍微不同。在小腸中，有一種運輸蛋白可以同時運輸葡萄糖和鈉——為了平衡，鈉在細胞內外濃度不同時，身體會施力將鈉從濃度高的地方移向濃度低的地方，而運輸蛋白就利用這種巧妙的機制，讓葡萄糖搭上順風車，和鈉一起運輸。

同時協助葡萄糖和鈉一起進入細胞中。

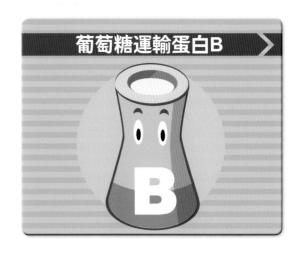

葡萄糖運輸蛋白B

1 等待鈉前來結合

想要進入細胞！

負責接受鈉的運輸蛋白等待鈉前來結合。

2 第一次變形

膨！

鈉進入後發生第一次變形，形成能結合葡萄糖的地方。

3 和葡萄糖結合

我也想進去！

葡萄糖在新的地方結合。

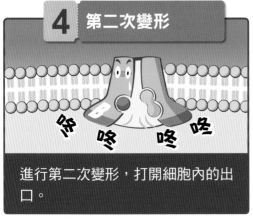

4 第二次變形

咚 咚 咚 咚

進行第二次變形，打開細胞內的出口。

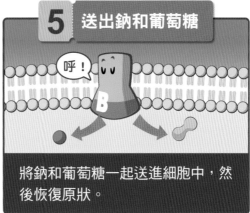

5 送出鈉和葡萄糖

呼！

將鈉和葡萄糖一起送進細胞中，然後恢復原狀。

使用能量運輸
幫浦蛋白

我負責將鈉排
出去,將鉀帶
入細胞內。

細胞內的鈉靠幫浦蛋白協助輸出

細胞外的組織液中含有較多的鈉和氯離子,而細胞內則含有較多的鉀離子,這是細胞內外的特色,表示細胞內外的物質濃度有些不同,這是正常的狀態。

然而,當某種刺激導致細胞內鈉離子增加時,為了恢復正常狀態,需要利用能量強制將細胞內濃度變高的鈉離子排出,這時就得依靠幫浦蛋白來協助,所有的動物細胞都具備這樣的機制。

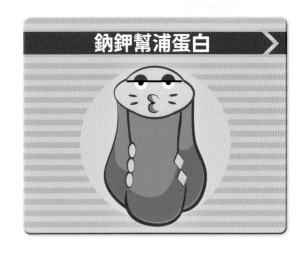

鈉鉀幫浦蛋白

1 細胞內的鈉離子準備和幫浦蛋白結合

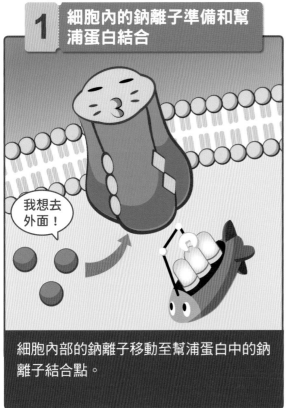

我想去外面!

細胞內部的鈉離子移動至幫浦蛋白中的鈉離子結合點。

2 來點能量,變形吧!

我想進去裡面!

ATP(→p.74)負責提供能量,幫浦蛋白結合獲得能量後發生變形,形成鉀離子結合點並向外打開。

離子通道或運輸蛋白在輸送物質時，通常自高濃度區域移動到低濃度區域，並不需要耗費能量；然而，在某些情況下，我們需要強制將物質從低濃度區域移動到高濃度區域，就必須使用能量來操作幫浦蛋白。

還有能接收信號的感測器哦！

　　細胞膜上有蛋白質負責接收神經網路發送的信號，就像感測器一樣。這些蛋白質可以和傳遞物質結合，當它們結合後會被活化，然後將信號傳遞到細胞內部，這樣的感測器蛋白質有很多種類。

3 鈉離子釋放，變成鉀離子過來結合

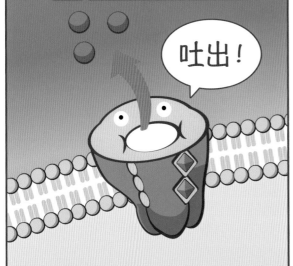

鈉離子被排出到外界去，換成外界的鉀離子和幫浦蛋白結合。

4 恢復最初狀態

能量耗盡後，幫浦蛋白恢復到原始形態，開口再次對內側打開，鉀離子被排出至細胞內。

細胞城市的能量工廠
粒線體

細胞所使用的能量來源稱為ATP，全名是腺苷三磷酸。

半分子小隊

能量來源ATP

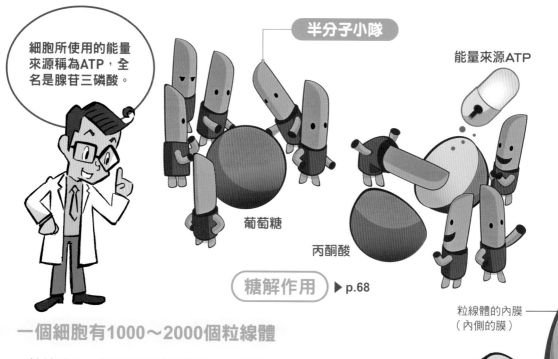

葡萄糖

丙酮酸

糖解作用 ▶ p.68

一個細胞有1000～2000個粒線體

粒線體是一個不可或缺的胞器，它負責產生生命所需的能量。一個細胞通常會擁有1000～2000個粒線體，右圖為了方便理解，只畫出一個粒線體，但事實上，所有的粒線體都以網狀結構相互連接，遍布於細胞中。

粒線體會在細胞中不斷的變形移動，是非常活躍的胞器，尤其在肌肉細胞中，它們會不停的生長和分裂，有時甚至還能迅速大量增生。

粒線體的內膜
（內側的膜）

實際上是以這樣的形式相連的哦！

丙酮酸

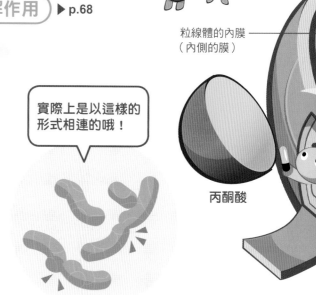

粒線體利用從食物中獲得的養分，製造出細胞內各種活動所需的「能量來源」。這個過程可以分為三個步驟，第一個步驟發生在粒線體外部，其餘兩個步驟發生在粒線體內部。

拆分小隊

氫

ENERGY

檸檬酸循環 ▶p.70

粒線體的外膜（最外側的膜）

二氧化碳

水

能量來源ATP

I　III　IV

氫離子

電子傳遞鏈 ▶p.72

取氫小隊

能量合成裝置

製作能量的方法①糖解作用
將葡萄糖分解為兩部分

什麼是從葡萄糖中獲得能量？

大概就是這種感覺吧！

High Power！

咕嚕咕嚕

葡萄糖

哥哥的想像畫面

太小看我們了吧！

可不是這樣攝取就可以燃燒成能量。

1 協同合作，將葡萄糖分解

10名隊員依次進行工作，將葡萄糖分解成兩部分。

葡萄糖

半分子小隊

將葡萄糖分解成兩部分。

丙酮酸

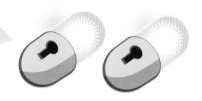

2 製作了兩個 ATP

在協同合作間，做出了2個能量來源ATP。

從食物中獲得的養分，在進入細胞前，得先分解成葡萄糖、胺基酸和脂肪酸等。為了讓這些養分能在工廠中被使用，需要先在工廠外進行初步分解。接下來，我們就來看一看葡萄糖是如何分解的。

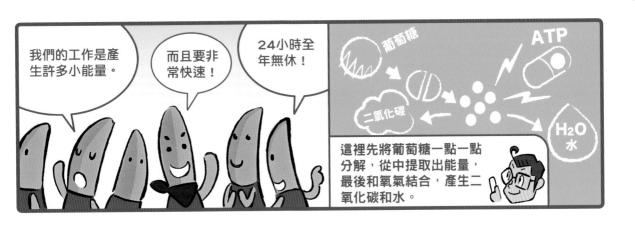

我們的工作是產生許多小能量。

而且要非常快速！

24小時全年無休！

葡萄糖　ATP

二氧化碳　H₂O 水

這裡先將葡萄糖一點一點分解，從中提取出能量，最後和氧氣結合，產生二氧化碳和水。

吸入的氧氣在工廠中使用，而呼出的二氧化碳也是在工廠內生成的。

CO₂　O₂

③ 將氫取出來

取出4個氫原子，送去「電子傳遞鏈（→p.72）」。

交給我們吧！

謝啦！

丙酮酸

④ 往工廠運送

分解葡萄糖出來的2個丙酮酸，送到工廠的「檸檬酸循環（→p.70）」。

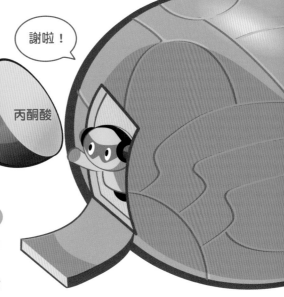

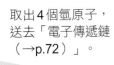

製作能量的方法②檸檬酸循環
利用分解將氫取出來

拆分小隊

把葡萄糖分解出的2個丙酮酸拆分成更小的單位。

為了分解需要使用到水。

1 提取出氫和二氧化碳

丙酮酸進入檸檬酸循環前，要先把氫原子和二氧化碳提取出來，將氫原子送到電子傳遞鏈。

2 檸檬酸循環開始

從這裡開始檸檬酸循環。

水 H_2O

異檸檬

檸檬酸

水 H_2O

丙酮酸

草乙酸

乙醯輔酶A

氫

這個過程在粒線體最內部的空隙（粒線體基質）中進行，進一步分解了葡萄糖的代謝物，提取出氫原子和二氧化碳。這個回路有8個成員參與，它們重複進行相同的過程以進行分解，這個循環就稱為「檸檬酸循環」。

③ 將取出的二氧化碳送到外界去

將二氧化碳從細胞中往外送到血液，最後在吐氣中排出體外。

ENERGY

二氧化碳 CO_2

α-酮戊二酸

琥珀醯輔酶A

④ 生成 ATP

在這個迴路中，每進行一個循環就會生成ATP。

檸檬酸循環

這個迴路由8個成員合力作業，一邊不停重複同樣的工程，一邊慢慢分解，提取出氫原子。同時也會製作些許的能量來源ATP，並且產生二氧化碳。

琥珀酸

蘋果酸

水 H_2O

反丁烯二酸

⑤ 運送取出的氫

將氫原子送到電子傳遞鏈。

製作能量的方法③電子傳遞鏈
用合成裝置製造能量

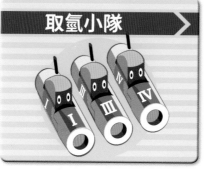

取氫小隊

能量合成裝置

接下來的主舞臺會是在粒線體內外膜之間的空隙唷！

從氫身上取出電子，讓氫變成氫離子，並送到內膜外面。

像水車一樣轉動，製造出ATP。

① 從氫身上取出電子

從運輸過來的氫中取出電子並送到下一個階段。
被抽取電子的氫變成帶有正電荷的氫離子。

氫

從氫中取出來的電子。

沒有能量的狀態。

② 把氫離子送出內膜

利用電子的能量，把氫離子送到內膜外面。

在檸檬酸循環中提取的氫會失去電子，變成氫離子，然後被釋放到粒線體內外膜之間的空隙，流經能量合成裝置後，再次返回內部。
氫離子的流動力會使裝置旋轉，進而產生大量的ATP。

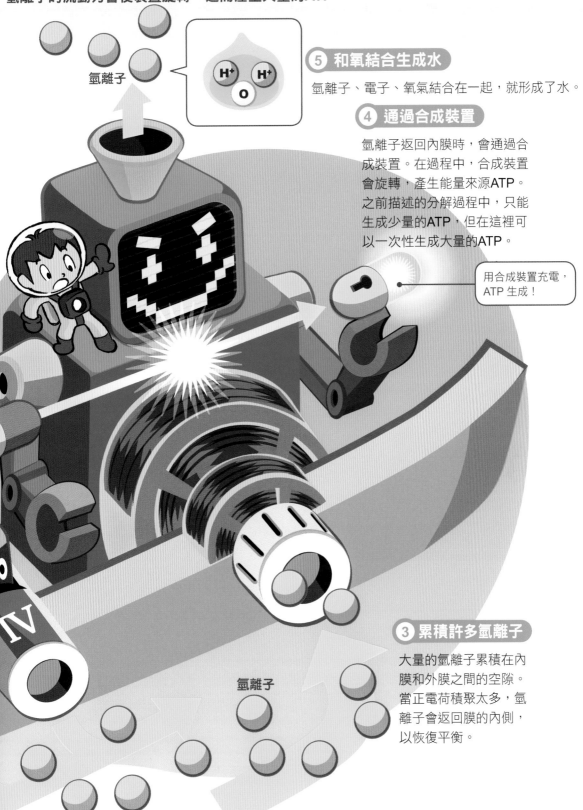

氫離子

⑤ 和氧結合生成水

氫離子、電子、氧氣結合在一起，就形成了水。

④ 通過合成裝置

氫離子返回內膜時，會通過合成裝置。在過程中，合成裝置會旋轉，產生能量來源ATP。之前描述的分解過程中，只能生成少量的ATP，但在這裡可以一次性生成大量的ATP。

用合成裝置充電，ATP 生成！

③ 累積許多氫離子

大量的氫離子累積在內膜和外膜之間的空隙。當正電荷積聚太多，氫離子會返回膜的內側，以恢復平衡。

氫離子

在粒線體中製造的「能量來源」
ATP是什麼？

接下來向各位介紹的是ATP！

ATP是生命力的泉源

無論是小到像黴菌這樣大的真菌或微生物，或是大到所有的動植物，ATP都是能量的來源。ATP存在全身的細胞之中，無論思考的時候、肌肉運動的時候、睡覺的時候或呼吸的時候，都會用到ATP。ATP的全名是「腺苷三磷酸」，由腺苷酸和其上的三個磷酸根組成。當磷酸根脫離時會釋放出能量，供生命活動使用；磷酸使用完畢時，腺苷酸會回到合成裝置重新安裝磷酸根，再次成為能量來源，身體的活動就是透過這個循環而得以維持。

一秒鐘可以合成100個ATP

能量合成裝置是世界上最小的馬達，轉速每秒達30轉，每秒鐘可以做100個以上的ATP。體重50公斤的人，一天所製造的ATP差不多重達50公斤，正好是體重的數字；而為了製造50公斤所需的ATP，大概會需要使用1000大卡的熱量。

而粒線體內膜上，滿滿都是能量合成裝置，每個都在不斷旋轉，這代表著生命正在運作。

轉好快啊！

ATP是稱為「腺苷三磷酸」的化學物質，它是構成DNA（→p.10）和RNA（→p.16～21）的材料之一，屬於非常高能量的物質，被所有植物、動物和微生物用作能量的來源。

沒有氧氣，能量工廠會停止運作

我們呼吸時所吐出的二氧化碳，就是粒線體分解養分時所產生的。而吸氣時將氧氣吸入體內，也是為了讓粒線體工廠在最後階段使用。

使用氧氣是粒線體工廠最後一個步驟，如果沒有氧，電子和氫將無處可去，所有的運作都會停止。氰化鉀就是因為會阻礙這個生成的過程，造成呼吸停止，所以被稱為劇毒物質，當發生這種情況，人類就會立刻死亡。

很久以前，粒線體曾經是細菌

關於粒線體還有一個說法：遠古以前，粒線體曾經是獨立的生物，是會利用氧氣製造能量的「細菌」。後來這個細菌被細胞吞入，就成為粒線體。同樣是胞器，內質網和高基氏體是單層膜構造，但粒線體卻是雙層膜構造。根據推測，細胞在吞食細菌時，細胞本身的細胞膜就形成粒線體外側的膜，而內側的膜是細菌原本就擁有的，這也解釋了為什麼粒線體是雙重膜構造。

此外，粒線體具有自己專用的DNA，當宿主細胞認為需要時，粒線體可以獨立進行分裂和增殖。從這些觀點來看，粒線體在很久以前曾是細菌的說法，基本上應該是成立的。

細胞城市的分解工廠
溶體

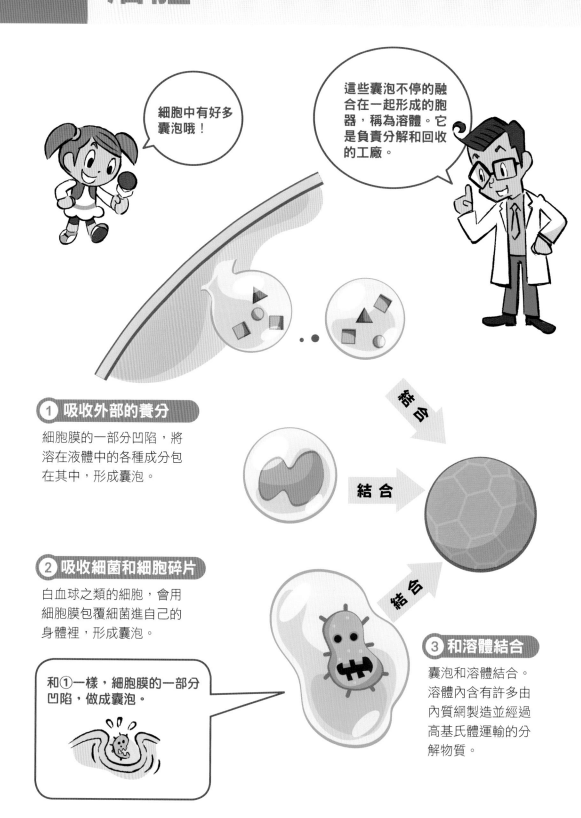

細胞中有好多囊泡哦！

這些囊泡不停的融合在一起形成的胞器，稱為溶體。它是負責分解和回收的工廠。

① 吸收外部的養分

細胞膜的一部分凹陷，將溶在液體中的各種成分包在其中，形成囊泡。

② 吸收細菌和細胞碎片

白血球之類的細胞，會用細胞膜包覆細菌進自己的身體裡，形成囊泡。

和①一樣，細胞膜的一部分凹陷，做成囊泡。

結合

結合

結合

③ 和溶體結合

囊泡和溶體結合。溶體內含有許多由內質網製造並經過高基氏體運輸的分解物質。

負責將從細胞外吸收進來的物質或是將細胞內產生的物質分解，是溶體的功能。不需要的物質會排出細胞外，但也有一些物質會留在細胞內，被回收再利用。

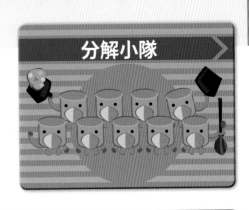

分解小隊

大約有40種不同的隊員，存在於溶體中，負責分解各式各樣的物質。

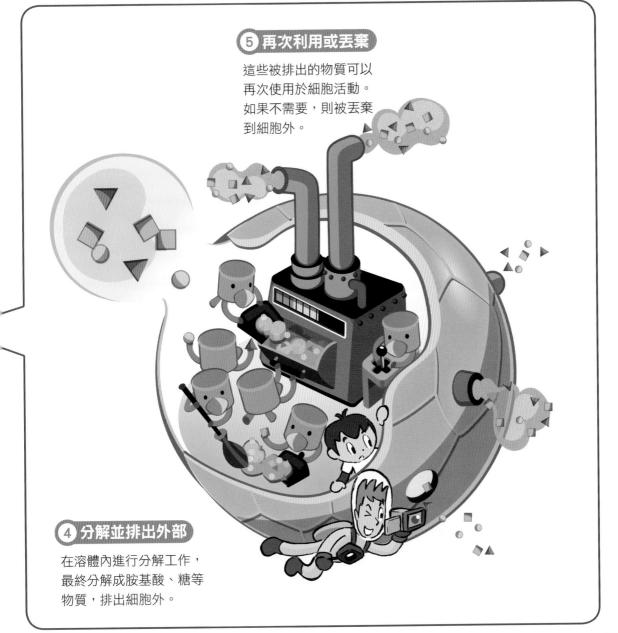

⑤ 再次利用或丟棄

這些被排出的物質可以再次使用於細胞活動。如果不需要，則被丟棄到細胞外。

④ 分解並排出外部

在溶體內進行分解工作，最終分解成胺基酸、糖等物質，排出細胞外。

細胞吃掉自己的一部分？
自噬

就像掃地機器人一樣，會到處打掃。

這可是真正的掃地機器人，會把細胞中不要的東西收集在一起。

① 細胞中出現了膜

細胞內出現了一層膜，而目前關於這個膜形成的機制知之甚少。

② 膜會將物質包圍住

膜會包圍老舊的粒線體、蛋白質等物質。

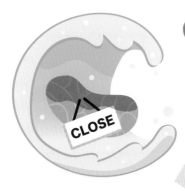

CLOSE

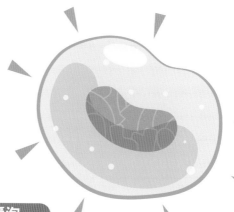

③ 形成囊泡

膜會漸漸的將開口閉合，形成囊泡，將之前包圍住的物質牢牢包緊，和外界隔絕。

自噬是指細胞利用溶體分解自己的一部分並再利用的機制。最近發現，細胞具有自我清除汙染物和不需要物質的機制，自噬就是其中一種。

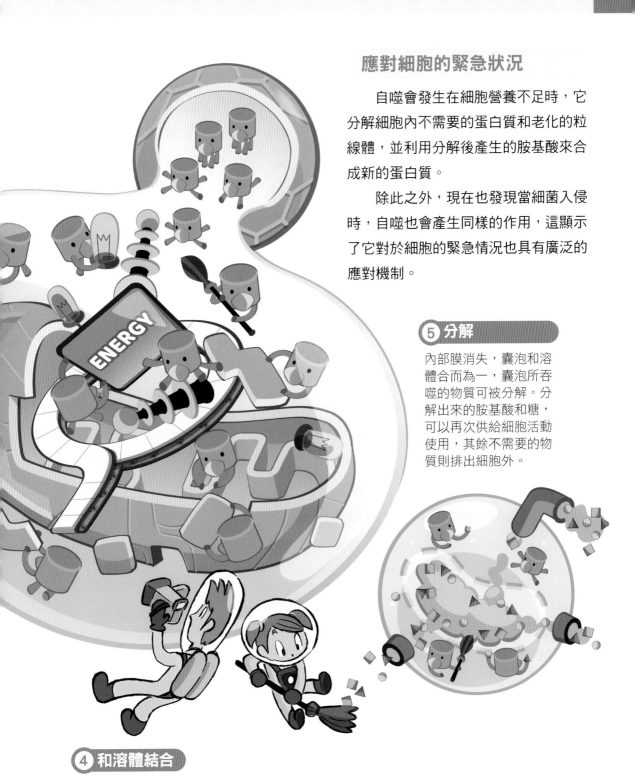

應對細胞的緊急狀況

自噬會發生在細胞營養不足時，它分解細胞內不需要的蛋白質和老化的粒線體，並利用分解後產生的胺基酸來合成新的蛋白質。

除此之外，現在也發現當細菌入侵時，自噬也會產生同樣的作用，這顯示了它對於細胞的緊急情況也具有廣泛的應對機制。

⑤ 分解

內部膜消失，囊泡和溶體合而為一，囊泡所吞噬的物質可被分解。分解出來的胺基酸和糖，可以再次供給細胞活動使用，其餘不需要的物質則排出細胞外。

④ 和溶體結合

囊泡和內含多個分解隊員的溶體結合。

負責分解蛋白質不良品
蛋白酶體

這裡是用來專門分解貼有「送去分解」標籤的蛋白質，就像細胞內的碎紙機一樣的分解工廠，目的是為了防止細胞內積聚不必要的蛋白質。

「送去分解」這個詞曾出現在內質網（→p.35）的單元，可以往前複習一下「細胞內的清潔系統」。

① 貼上「送去分解」的標籤

在內質網出口處，E3——將蛋白質不良品貼上標籤。

② 確認標籤後，進行分解

在蛋白酶體中，只有帶有標籤的蛋白質才會被放入其中，標籤在此移除，重複使用。

③ 分解成碎片

蛋白質不良品會完全分解成碎片，送出細胞外進行清除。

諾貝爾獎也激賞！
「細胞的清潔系統」

2004 年諾貝爾化學獎　發現蛋白酶體的機制

2004年，以色列理工學院的席嘉諾佛（Aaron Ciechanover）、赫西柯（Avram Hershko），以及加州大學的羅斯（Irwin Rose），因為發現蛋白酶體機制而獲得諾貝爾化學獎。透過這些科學家們的研究，揭曉了「送去分解」的標籤和蛋白酶體對該標籤的反應機制。

人體內所產生的蛋白質中，約有30%會因為合成錯誤等原因而成為不良品，如果這些不良品不斷積累，可能引發各種疾病。一般認為，這會導致阿茲海默症、帕金森氏症等疾病，因此正在進行新藥的開發。

2016 年諾貝爾生理學或醫學獎　發現細胞自噬的機制

2016年，東京工業大學的大隅良典博士藉由對細胞自噬機制的研究獲得諾貝爾生理學或醫學獎。從1950年代開始，人們就開始考慮細胞中部分分解的可能性，只是這個觀點並未引起太多注意，也很難實際觀察，因此研究一直沒有太大進展。大隅博士在1988年的酵母研究中證實這個機制的存在，並對其進行深入的探究。

當自噬無法正常進行時，就可能會導致帕金森氏症和某些類型的癌症等疾病，因此現在世界各地都在進行相關研究。

分裂成 2 個細胞城市①
染色體出現了！

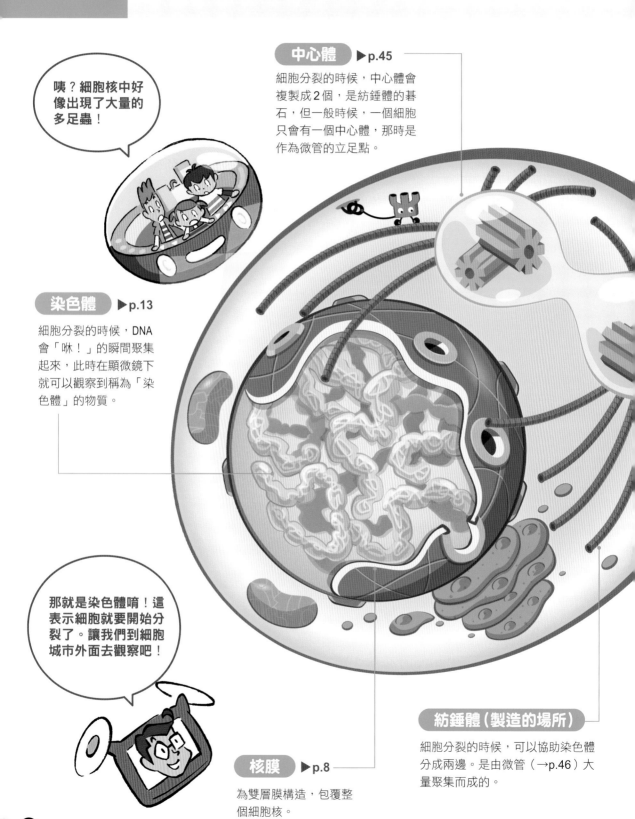

中心體 ▶p.45

細胞分裂的時候，中心體會複製成 2 個，是紡錘體的碁石，但一般時候，一個細胞只會有一個中心體，那時是作為微管的立足點。

咦？細胞核中好像出現了大量的多足蟲！

染色體 ▶p.13

細胞分裂的時候，DNA 會「咻！」的瞬間聚集起來，此時在顯微鏡下就可以觀察到稱為「染色體」的物質。

那就是染色體唷！這表示細胞就要開始分裂了。讓我們到細胞城市外面去觀察吧！

紡錘體（製造的場所）

細胞分裂的時候，可以協助染色體分成兩邊。是由微管（→p.46）大量聚集而成的。

核膜 ▶p.8

為雙層膜構造，包覆整個細胞核。

細胞透過分裂來增加數量，藉由細胞數量增加，身體也得以發育和成長。
即使成長期過後，身體不再成長，但仍可藉由細胞分裂，汰舊換新，也能保持細胞功能正常運作。以下，就來介紹一下分裂的機制。

黏著蛋白

負責將DNA或染色體固定在一起。

1 分裂前期 從 DNA 到染色體的過程

在細胞分裂完成後，到下一次開始細胞分裂前的間期，細胞一邊成長，一邊將DNA複製成兩套，隨著分裂時期的逼近，DNA緊縮，纏繞成染色體。

在分裂之前黏著蛋白會將複製完成的染色體固定在一起，以確保染色體為成對的相同結構。

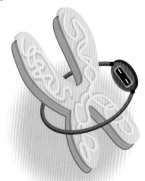

細胞核的外側出現了兩個中心體，並開始生成紡錘體，兩個中心體靠著動力蛋白和致動蛋白（→p.46）的協助，開始朝相反的方向移動。

2條微管朝著不同方向移動，避免重疊。

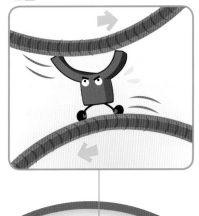

把身體附著在細胞膜上的動力蛋白，開始拉動中心體。

分裂成 2 個細胞城市②
染色體一分為二

2 **分裂前期** 核膜消失了！

突然之間，核膜分解並消失了。在紡錘體的末端，救援小隊和破壞小隊（→p.48）變得活躍，而微管從中心體伸出以捕捉染色體。在這個時候，和著絲點合作的隊員發揮作用。此外，這個時期高基氏體（→p.36）等也會分散開來。

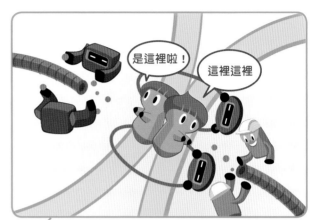

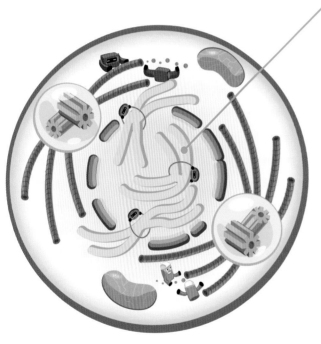

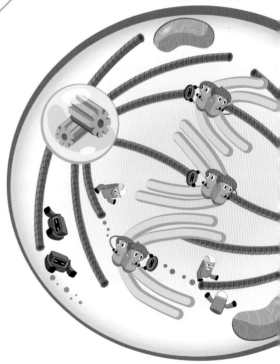

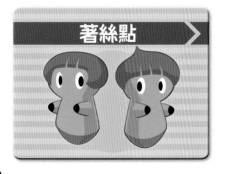

著絲點

紡錘體和染色體連繫在一起的地方。

3 **分裂中期** 染色體排列

染色體排列在兩側紡錘體的中間。這個位置同時也是細胞的赤道板，最後這一區會收縮並分裂成兩個部分。

紡錘體內還有一些微管不和染色體結合，但它們都會延伸到赤道板部分。

細胞分裂中期到後期的階段，成對的染色體排列在細胞的赤道板上，然後逐漸分開移動到兩側。而高基氏體和內質網會分解成小顆粒散開。

④ 分裂後期 染色體分開了！

分離蛋白酶切斷將染色體束起來的黏著蛋白，接著染色體分離，紡錘體分別將染色體往兩側拉離。

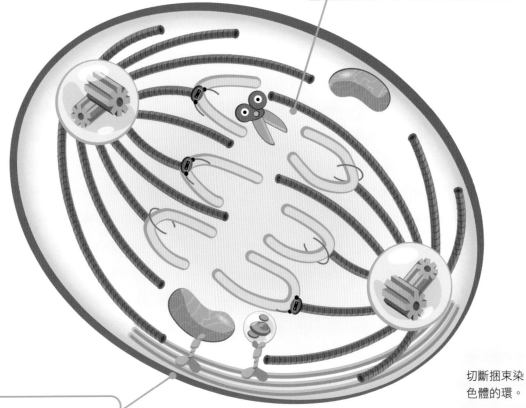

切斷捆束染色體的環。

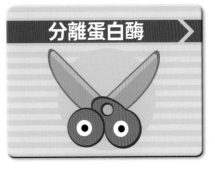

目前認為，粒線體以及被分解成碎片的高基氏體，是由行走在微絲上的肌凝蛋白負責搬動和分配的。

分離蛋白酶

分裂成 2 個細胞城市③
細胞變成 2 個了

⑤ 分裂終期 負責分割細胞的收縮環出現

染色體集中在兩側，核膜再次形成並且包住染色體。紡錘體變短，數量也變少，碎片狀的高基氏體在兩側各自的位置上聚集，形成新的高基氏體。

透過肌動蛋白（→p.52）和肌凝蛋白（→p.55），開始形成「收縮環」，進入分裂的最後階段。

Rho

負責活化肌動蛋白和肌凝蛋白。

染色體往兩方的中心體集中。

為了包住染色體，新的核膜形成。

這個部分的活動，請看下方1～4。

1 致動蛋白攜帶能喚醒Rho的鬧鐘前進。

2 Rho醒來開始工作。

zzz...

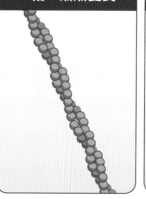

3 Rho的作用下，肌動蛋白開始連結，漸漸變長。

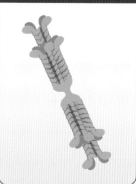

4 Rho讓肌凝蛋白轉變為能拉動肌動蛋白的形態。

在細胞分裂的末期，分開的染色體會聚集在各自中心體的附近，並形成新的核膜包裹住它們。透過肌動蛋白和肌凝蛋白的運動，產生「收縮環」，使細胞一分為二。

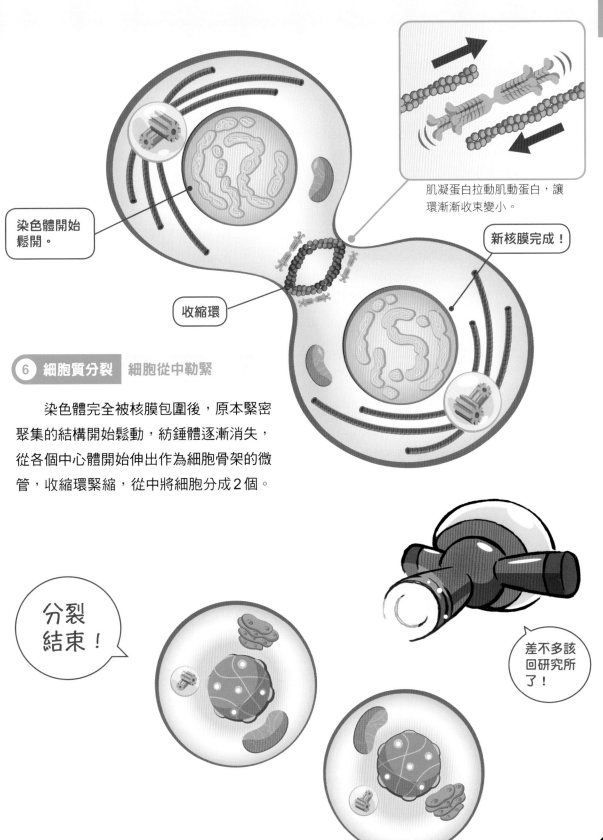

肌凝蛋白拉動肌動蛋白，讓環漸漸收束變小。

新核膜完成！

染色體開始鬆開。

收縮環

6 **細胞質分裂** 細胞從中勒緊

染色體完全被核膜包圍後，原本緊密聚集的結構開始鬆動，紡錘體逐漸消失，從各個中心體開始伸出作為細胞骨架的微管，收縮環緊縮，從中將細胞分成2個。

分裂結束！

差不多該回研究所了！

細胞的更迭

每秒分裂數百萬次

　　一個成年人的體重約70公斤，大約由37兆個細胞組成。細胞的更迭速度因身體部位而異。

　　最快更新的是小腸表面的細胞，壽命只有1到2天，死亡的細胞會以糞便的形式排出體外；皮膚細胞的更新週期約為28天、紅血球的週期約為120天，而骨細胞則需要約5個月的時間才會更新。

　　雖然依部位而異，但根據計算，每天全身約有2％的細胞在進行更新，換算下來，每秒約有數百萬次細胞分裂和再生。

從開始的1個細胞到37兆個細胞

　　我們的身體最初只是1個受精卵，受精卵經過多次的分裂，約一星期的時間之後殖入母體的子宮裡，並從母體中獲得養分，不斷的分裂和成長。

　　在分裂的細胞之中，有些會變成心臟細胞，有的則會變成眼睛或神經細胞。雖然我們尚不清楚這些是在哪裡決定的，但大約在2個月左右，受精卵就變成具有人類特徵的胎兒。

　　根據計算，新生兒剛出生時細胞數量大約是1～2兆個，隨著成長細胞的數量逐漸增加，到達成年時約有37兆個細胞。

我們雖然無法感受到自己身體裡的細胞不斷的在分裂，但實際上身體各處的細胞的確是不停增生，正因為如此，我們的身體持續更新中。

細胞凋亡——程序性的死亡

細胞並非可以無限次的進行分裂，依據皮膚細胞的實驗，細胞大約分裂25～50次之後，就無法再繼續下去。當細胞到達壽命終點時，它們就會啟動一個預設好的自我死亡程序。

一旦該程序啟動，細胞核會緊縮並分裂成碎片，整個細胞也會分解成囊泡。分解的碎片最終會被免疫細胞，例如：被巨噬細胞所吞噬，老化細胞的內部物質不會散落到周圍，也不會引起周圍組織炎症反應等問題。

減數分裂是什麼？

減數分裂僅限於卵子和精子，或是和生殖有關的細胞所具備的機制。

人類染色體有46條，皮膚、腸道等構成身體的普通細胞進行分裂時，會在一個細胞內製造出92條染色體，然後透過將其減半，生成具有原始46條染色體的細胞。

受精時，精子進入卵子內部，2個細胞核融合成1個，這個受精卵會成為新生命的第一個體細胞。之後它就會像普通的體細胞開始進行分裂，因此受精卵的染色體數量必須是46條；而為了將父親和母親的染色體混合成46條，卵子和精子的染色體數量必須是23條。所以，卵子和精子會進行特殊的減數分裂，將染色體數目減半。

哈……

哈啾！

我很擔心你們！

?

我會將這次的冒險做成報告，在大家的面前發表。

我也一起參與吧！

影片的剪接就交給我了！

好啊！研究所裡的器材就儘管拿去用吧！

任務達成
細胞城市大冒險

請問大家，在人體細胞中工作的成員有多少呢？

緊張
緊張　　　緊張

8,000,000,000

答案是
80億！

幾乎和地球的人口數一樣多。

哇哇！

太好了，成功引起注意！

這世上每個人的個性都不盡相同。

細胞城市裡的成員也是有各種屬性。

296,000,000,000,000,000,000,000,000

成人的體細胞數目有37兆個，而每個細胞的成員有80億，這樣全部合起來共有2960垓！

有製作蛋白質的

有製作道路的

這些成員的屬性如此豐富，他們的原型——

全部都是蛋白質唷！

有負責搬運的

有負責打掃的

有生成能源的

說起蛋白質，大家都會先想到食物，但是在細胞城市裡工作的成員，成分也全部都是蛋白質哦！

豆腐

那麼，這些成員在細胞城市中是如何生存的呢？

我有疑問

FUTURE

好問題！

依據細胞種類不同，壽命短則數分鐘，長則數個月。

如果我們老化了，會引起很多的麻煩或疾病。

所以我們常常需要新的成員加入。

當然，我們都是在細胞城市裡的工廠誕生的。

人類將吃進來的蛋白質分解，並利用這些養分來製造新的夥伴。這就是我們為什麼能「活著」的理由！

想要有健康的身體，
就要攝取良好的蛋白質，這是很重要的！

那麼，我們就來吃優良的蛋白質吧！

PARTY TIME!

大家都很厲害呢！

你們來一下！

如果可以⋯⋯

下回⋯⋯

再一起去⋯⋯

大冒險好嗎？

全劇終

 特別附錄

細胞城市的居民

細胞核

嚴格控管細胞膜的出入！

 核孔

 DNA聚合酶

 RNA聚合酶

 核運輸蛋白

 DNA解旋酶

 剪接體小隊

核糖體

 胺基酸tRNA合成酶

 肽基轉移酶

 伴護蛋白

內質網

 伴護蛋白BiP

E3

EDEM

 蛋白酶體

 識別信號君

 易位組

發動蛋白小隊

高基氏體

將對的配件正確的安裝上去！

   安裝配件的夥伴

細胞骨架

 肌動蛋白改造小隊

細胞膜

 鈉離子通道

核糖體

 取氫小隊

94

圖鑑

微管的調整就交給我們了！

我們是蛋白質唷！

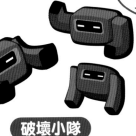
破壞小隊

救援小隊

肌凝蛋白

微管

微絲／肌動蛋白纖維

致動蛋白小隊

動力蛋白小隊

中間絲

葡萄糖運輸蛋白A

鈉鉀幫浦蛋白

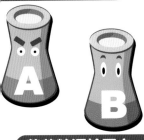
A
B
葡萄糖運輸蛋白B

信號感測器

溶體

我們負責維護細胞城市的整潔！

分解小隊

拆分小隊

24小時全年無休的運轉！

半分子小隊

能量合成裝置

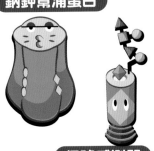
細胞分裂

將染色體完全分離！

分離蛋白酶

著絲點

黏著蛋白

Rho

國家圖書館出版品預行編目 (CIP) 資料

細胞城市大冒險 / 清水洋美文；石川日向圖；劉子韻翻
譯. -- 初版. -- 新北市：小熊出版，遠足文化事業股份
有限公司，2023.09
96 面；18.2 x 25.7 公分. -- (廣泛閱讀)
ISBN 978-626-7361-05-4(平裝)

1.CST: 細胞學 2.CST: 通俗作品

364   112012431

廣泛閱讀

細胞城市大冒險

文：清水洋美｜圖：石川日向｜監修：石渡信一｜翻譯：劉子韻｜審訂：陳文亮

總編輯：鄭如瑤｜副總編輯：施穎芳｜美術編輯：楊雅屏
行銷副理：塗幸儀｜行銷助理：龔乙桐
出版：小熊出版・遠足文化事業股份有限公司
發行：遠足文化事業股份有限公司（讀書共和國出版集團）
地址：231 新北市新店區民權路 108-3 號 6 樓
電話：02-22181417｜傳真：02-86672166
劃撥帳號：19504465｜戶名：遠足文化事業股份有限公司
Facebook：小熊出版｜E-mail：littlebear@bookrep.com.tw

讀書共和國出版集團網路書店：http://www.bookrep.com.tw
客服專線：0800-221029｜客服信箱：service@bookrep.com.tw
團體訂購請洽業務部：02-22181417 分機 1124
法律顧問：華洋法律事務所／蘇文生律師｜印製：凱林彩印股份有限公司
初版一刷：2023 年 9 月
定價：380 元
ISBN：978-626-7361-05-4（紙本）、9786267361122（EPUB）、9786267361085（PDF）
書號：0BWR0065

小熊出版官方網頁　　小熊出版讀者回函